키의
신화

Le Mythe de Procuste

La taille humaine entre norme et fantasme

by Catherine MONDIET-COLLE & Michel COLLE

Copyright © Editions du seuil, Paris, 1989
Korean Translation Copyright © 2003 by Kungree Press
All rights reserved.

This Korean edition was published by arrangement with
Edition du seuil (Paris) through Bestun Korea Agency Co., Seoul.

프로크루스테스에서 엄지동자까지,
인간에게 키는 무엇인가

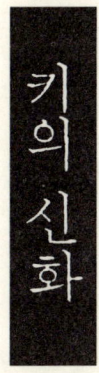

키의 신화

카트린 몽디에 콜, 미셸 콜 지음
이옥주 옮김

궁리
KungRee

차례

메가르에서 아테네로 가는 길목에서 여인숙을 운영하던 프로크루스테스는 강도짓을 하며 여행자들을 잡아가두곤 했다. 프로크루스테스는 여행자들을 철제 침대 위에 누이고는, 자신이 이상적이라고 생각하는 크기에 맞추어 어떤 이들은 다리를 자르고 또 어떤 이들은 팔다리를 늘렸다.

이 이상주의자에게 정의의 심판이 내려졌다. 테세우스는 프로크루스테스의 머리를 자름으로써 똑같은 고통을 그에게 되돌려주었다······.

서

문

변화에 대한 욕망은, 지적인 것이든 상상에 의한 것이든, 인
간의 활동을 방해하는 변화에 대한 저항만큼이나 강력하다.
그런데 변화에 대한 상상적 · 과학적 활동이 오랫동안 계속돼
왔음에도, 오늘날 프랑스어에는 여전히 크기의 변화에 적합
한 용어가 존재하지 않는다. 그러므로 어릴 때는 '커지고 싶
어하고' 성장해서는 '작아지고 싶어하며', 단 하나의 공간에
다양한 시각들을 섞어 넣고, 단 한 번의 순간에 유년의 추억
과 진보에 대한 열망을 뒤섞고자 하는 '메타미터적 욕망'을
만들어야만 한다.
　어쨌든 이것은 오래 전부터 우리의 실존과 위상을 획득한
하나의 단어 속에, 카트린 콜$^{Catherine\ Colle}$과 미셸 콜$^{Michel\ Colle}$이 욕

망을 탐색함으로써 간극을 메우려고 한 시도 속에 한정되기에는 너무도 복잡한, 이름이 부여되지 못한 것에 대한 이야기이다.

욕망이 빚어내는 모든 활동이 그렇듯이, 크기에 대한 꿈은 필연적으로 쾌락과 현실의 원칙이 만들어놓은 길을 따라간다. 한편에서는 상상적 건설이 환상에 현실을 부여하고 결과적으로 징후적 형태들을 양산한다. 다른 한편에서는, 과학적 호기심이 모든 방해물을 염두에 두고 있지만, 이것은 때로 아이들처럼 '그리고 그 다음에는?' 을, 동일한 목표를 지닌 학자들처럼 '그리고 그 너머에는' 을 끊임없이 요구하는 상상력의 왕성한 힘을 마비시킬 위험이 있다. 어떤 사람은 생물학 실험 연구소에서 새로운 기술을 개발하고, 다른 사람은 상상력을 연구하는 새로운 형태의 실험실에서 문화적 상징화 현상을 심화시킨다. 그리고 이 둘의 연합은 인간의 현상을 종합적으로 관찰하는 데에서 진일보를 이루어낸다.

오늘날 과학적 담화와 문화적 기준의 접합이 얼마나 대담한 시도인지는 말로 표현할 수 없을 정도다. 카르다노[Gerolamo Cardano, 1501~1576]와 케플러[Johannes Kepler], 파레[Ambroise Paré, 1501~1576, 르네상스 시대의 유명한 외과의사], 달랑베르[d'Alembert], 디드로[Denis Diderot]의 시대에 정상적인 것처럼 보였던 기술과 해석학의 연합은 문명화 초기의 산업 시대 — 일련의 생산과 분절된 학설들의 시대 — 이후로 이단이나 구식으로 인식되었다. 특별한 방비를 한 전문화된 분석의 필요성과 배치되기 때문이었다. 그러나 우리는 종합이 필요 없는 과학은 존재하지 않는다는 이치를 잊어서는 안 된다. 신뢰할 만한 방법들을 제공하고 접근을 허락하는 특별한 분석들은 기술과 무관할 수 없다. 기술이라는 말은 정의상 하나의 방법을 뜻한다. 하지만 가장 원시적인 것이든 최첨단의 것이든 평균 수준에다 맞추고 싶어하는 기술주의의 과대망상은 이러한 연합을 어렵게 만든다. 당치 않게 기술에 적용된 이러한 총체적 환각 상태에서 이제는 정신을 차릴 때이다.

명성에 걸맞는 과학자들은 늘 문학이라는 오래된 대륙과 관계 맺는 법을 알았다. 발명의 초현실주의자인 아인슈타인은 은유의 천재였으며, 이것은 그의 발견에서도 드러난다. 또 다른 시대에 계시적 직관을 가지고 있었던 파스칼Blaise Pascal. 1623~1662도 마찬가지이다. 허버트 리브Hubert Reeves. 캐나다 천체물리학자. 1962년 이후 프랑스에서 살며 과학의 대중화에 힘쓰고 있다는 공공연하게 발레리Paul Valery. 1871~1945를 원용한다. 엄격한 의미에서 시와 연관되지 않은 과학은 없다. 시는 제작 기술들을 창조적 재능에 복속시킨다. 오랫동안 미학적 · 문학적인 생산들과 추상적 사변을 인위적 게토 속에 격리시켜온 상상력에 대한 연구들은 점차 스스로 구체적인 적용 영역을 찾기 시작했다. 무엇보다 연합에 대한 요구는 자신들의 일차원적 시각에 한계를 느낀 기술자들에게서 나왔다. 바로 이런 배경에서 응용심리학, 문화사회학, 교육과학, 역사심리 등의 영역이 탄생했다.

프로크루스테스의 신화에 대한 이 책은 이런 만남을 상징적으로 보여준다. 곧, 이 책은 홀로그래피적 시각을 재건하려고 시도한다. 하나의 대상을 두 가지 시점으로 조명함으로써, 이 대상에는 어떤 이미지가 부각되어 나타난다. 부각된 이 이미지는 또한 측량된 이미지이기도 하다. 치수는 양적인 대상들 사이에 의미가 부여된 최초의 관계를 수립한다. 그리고 궁극적으로 형이상학적 조화를 민감하게 지각하는 데 목적이 있는 음악적 구성의 주춧돌 역할을 하기도 한다. 거인증과 소인증의 비정상성 — 이것은 역설적으로 인간의 모험이라는 조화로운 공간을 한계짓는다 — 은 동시에 한계의 의무와 무한대의 직관을 표현하며, 정체성에 대한 의식을 자극하고, 이질성을 받아들이게 함으로써 그 의식을 완화시킨다.

그런데 우리는 크기의 영역에서 양적인 연속성을 거쳐 질적인 위상의 변화로 넘어간다. 문제는 어느 순간에 단계적인 변동을 통해 이 변화가 차이를 양산하고, 어느 순간에 증가 또는 감소되면서 또 다른 것이 탄생하느냐는 것이다. 알다시피 순전히 기술적일 수 있는 이 문제는, 인간이 적용되는 영역에서는 도덕적 결과를 낳는다. 필수적 의미, 인식론적으로 말해서 상대성의 의미를 불러일으킴으로써 상상력의 장을 매우 풍부하게 하는 유전적 조작은, 어느 순간 실험의 장으로 넘어가면서 정상을 파괴하고 무질서한 가치를 만들어낼 위험이 있는 것은 아닐까? 인간이 만물의 척도라는 오래된 격언은 여기에서 위기를 맞는다. 만일 인간이 척도의 의미 자체를 잃어버린다면, 사람들은 어떻게 인간됨을 측정할 수 있을 것인가? 이것은 휴머니즘을 재차 부정한다기보다는 과학적 업적과 사회 문화적 현상을 환기시킴으로써 그것을 재고해보는 데 더 의의가 있다.

크기를 다루고 있는 이 책은 비단 치수가 이용되는 방법뿐 아니라 다원적 글쓰기를 통해서 조화의 덕성들을 일깨워준다. 우리는 사유를 하는 거의 모든 곳에서 부조리한 분할로 세분된 지식의 파편과 직면하고 있다. 그리하여 분야간에 의

사 소통이 불가능하고, 그 반향으로 (문학적 집단을 여성화시키고 과학 기술적 집단을 남성화시키는 경향처럼) 사회적으로 다양한 격리가 나타나고 있다. 이러한 때에 게니우스적^{Genius, 남성의 수호신} 속성(발명적 재능, 기술자와 전문가로서의 능력)과 아니마적 속성(치수의 문학화, 측정의 이야기화, 계산이 인간에게 갖는 의미 조명)을 동시에 아우르며, 과학 없는 문화는 이성의 폐허이고 인간적 사실(우리가 문화라고 부르는 것)에 대한 고려 없이 정확한 과학은 영혼의 폐허임을 환기시키는 진정한 '양성적' 글쓰기와 대면하는 것은 무척 행복한 일이다.

클로드-질베르 뒤부아(보르도 대학 교수)

거인들의 키를 줄이고
소인들의 키를 늘리자
모두 다 같은 크기에 맞추는 것,
이것이 진짜 행복이야

― 〈카르마뇰〉

| 고대 |

인간　신　우주창조신

| 고대～중세 |

소인　인간＝영웅　거인

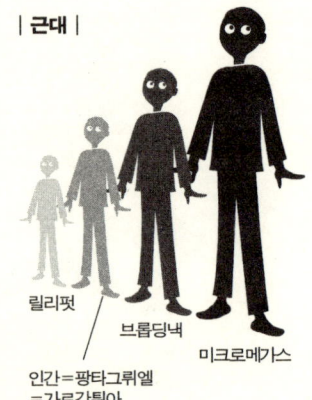

| 근대 |

릴리펏　브롭딩낵　미크로메가스

인간＝팡타그뤼엘
＝가르강튀아

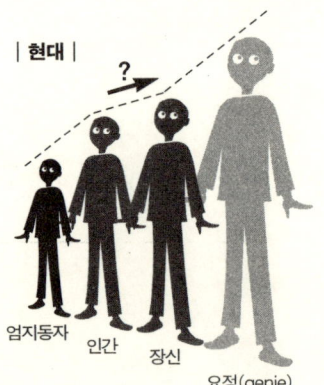

| 현대 |

?

엄지동자　인간　장신　요정(genie)

과학의 진보와 생명공학의 도약이 빚어낸 새로운 상황이 인
간의 키에서도 나타나면서 키에 대한 깊은 성찰이 이루어지
고 있다. 과거부터 현재까지 변함없는 소재로서 명백히 비정
상적일 경우 교정의 대상이었던 키는, 이제 인간의 요구에 따
라 변형될 수 있을지 모른다. 곧, 개인의 선택 사항이 될 수도
있는 것이다.

　사실 키를 변화시키고자 하는 인간의 유혹은 새로운 것이
아니다. 화학적 성장 호르몬에서 성장 유전자들의 조작 개연
성까지 오늘날 우리가 사용하는 방법도 예외는 아니다. 이렇
듯 새로이 조성된 여건으로 인해 우리는 '센티미터의 자유'
가 가져다주는 것이 무엇인지 자문하지 않을 수 없다. 그것은

진정 크기만의 문제일까? 본래의 크기와 변형된 크기를 마음대로 조작하면서 또한 인간적 차원, 곧 용어의 철학적 의미를 건드리는 것은 아닐까?

20세기의 다른 수많은 영역에서처럼, 여기서도 과학의 놀라운 기술적 모험이 인간의 심리적 · 문화적 체계의 기본 개념에 혼란을 야기하고 있다. 자연주의적 결정론에서 비롯돼 이제까지 확고한 개념으로 여겨졌던 것들이 의문시되고 있다. 이제까지 불변의 것이었던 개념들이 새롭게 정의되면서 오늘날 인간은 과거에는 허용될 수 없었던 어떤 선택 앞에 놓여 있다.

어쩌면 예기치 못했던 이중의 시선, 상징적 언어와 과학적 언어의 시선은 겉보기에는 서로 무관해 보이지만, 서로 영향을 주고받으며 관점을 좁힘으로써 인간 주체를 밝힐 수 있을 것이다. 드니 디드로^{Denis Diderot, 1713~1784, 프랑스 문필가}는 '과거에 의사가 아니었던 사람은 철학자가 되지 못할 것이다'고 한 적이 있다. 그로부터 2세기가 지난 뒤 미셸 세르^{Michel Serres, 프랑스 철학자이자 수학자}는 '최초로 생물학자들이 철학자들의 문을 두드린다'고 응수한다.

에드가 모랭^{Edgar Morin}은 사회학자로서 이렇게 단언한다. "인간이 만들어낸 폐쇄적이고 단편적이며 단순화된 이론에 경종이 울리고 있다. 다영역적이며 복잡하고 열린 이론의 세기가 시작되었다. … 생물학 또는 문화학은 각각 고유한 영역으로 남기보다는, 그보다 더 풍부한 현실로 인해 더 큰 역할을 부여받는다. 이제 두 영역은 상호 보완해야 할 처지에 놓여 있다."▪

모든 묘사의 근본에는 키의 개념이 들어 있다. 우리는 곧잘 '큰' 또는 '작은' 나무나 사람에 대해 말한다. 키는 사실에서 비롯하며, 거기에 대해 깊이 생각하지 않아도 마치 묘사의 기본 여건으로 여겨진다.

이 점은 모든 부분에서 그렇다.

사람도 마찬가지다. 사람이 자기 키나 동족들의 키에 대해 가지는 관심은 거의 비슷하다. 키에 대한, 특히 키의 비정상적 상태에 대한 호기심은 세월이 흐르면서 다양한 양상을 띠었지만 결코 사그라들지 않았다. 오늘날 우리는, 몇몇 군주들이 자신의 작은 키에 집착하면서 거인들에게 보였던 지대한

▪ E. 모랭, 『잃어버린 패러다임, 인간의 본성』, 파리, 세유, 1973.

관심을 얼마간의 거부감을 가지고 추억한다. 우리 시대가 과거와는 달리 다양성을 외면하고 모든 개인이 일종의 불안감 속에서 이른바 정상적인 크기에 엄격히 맞추어지기를 바라는 만큼, 이러한 경향은 더욱 이질적으로 느껴진다.

만일 어떤 사람이 '정상적인 키'이거나 그렇지 않다고 했을 때, 우리는 그것을 어떻게 받아들이는가? 또 어떤 아이가 자기 또래보다 유독 크거나 비정상적으로 작다는 것은 무엇을 뜻하는가? 우리는 키를 판단하기 위해 어떤 기준을 참조하는가? 과거의 기준들은 어느 정도 주관적이지는 않은가?

이런 문제에 대해 심사숙고해보면, 인간의 키는 두 가지 조건으로 정의될 수 있다. 첫째 조건은 신장이라는 보이는 현실을 결정하는 개인적이고 유전적인 요소들이다. 두 번째 조건은 이런 현실에 대해 일종의 가치를 부여하는 집단적이고 사회 문화적인 요소들이다.

흔히 자로 재어서 '폴은 피에르보다 키가 크다'고 말할 때, 우리는 집단적 질서의 기준, 곧 상대적 기준을 참조한다. 아프리카에서 피그미 족과 투치 족^{르완다와 부룬디에 사는 종족으로 키가 크고 호리호리하다}이 서로 이웃해 살고 있는 것처럼, 때때로 인간의 공간은 충격적인 예들을 보여준다. 하지만 일반적으로는 같은 사회 안에서도 다양한 키의 사람들을 쉬 관찰할 수 있다. 또 달리 말하면, 피에르도 폴도 자기 키를 직접 선택하지 않은 것은 분명하다. 키는 개인적 조건, 곧 생물학적 운명에서 결정된 것이다.

생물학적 운명 |

어떤 면에서, 무게와 달리 키는 의지대로 되는 것이 아니다. 몸무게와 키는 둘 다 유전적 상속에 속하지만, 사람이 몸무게에는 일정한 작용을 가할 수 있는 반면, 키는 그것이 불가능하다. 키는 무엇보다도 유전적 요소로 인해 예측 불가능한 다양한 요소들이 결합되어 나타나기 때문이다. 키가 큰 부모에서는 키가 큰 아이가 나오기도 하지만 작은 아이가 태어나기도 한다. 이 같은 유전적 우연성은 여기저기에서 드물게는 과도함 때문에, 좀더 일반적으로는 결핍 때문에 골격 형성에 문제를 일으킨다. 이러한 문제는 명백한 비정상성에서 비롯되며, 가장 특징적 예로는 몇몇 호르몬 부족 현상이나 단신증을 들 수 있다.

이렇게 개개인의 키는 가끔은 비극적이게도 피할 수 없는 것이 된다. 그러므로 키의 혜택을 입은 이들도 있지만, 거기에서 제외된 이들도 있다. 만일 그런 경우라면 어떤 이들은 순응하지만, 또 다른 이들은 자기가 거부하는 이미지에서 벗어나기 위해 일시적 처방을 만들어낸다. 또 어떤 이들은 이런 불리한 조건 속에서 오히려 더 많은 기회를 얻을 수 있다고 생각한다. 출신이나 삶의 여건들, 성격에 따라 사람은 자기 키에 순응하기도 하고 그렇지 못하기도 한다.

어떤 결과의 이중적 현실 |

성공으로 가는 발판이면서도 때로 심리적 불안의 요인이자 사회적 핸디캡이 되는 키는 인간과 세계의 관계를 이끈다. 사람은 인지되는 거리, 곧 자신의 종족에 귀속된 하나의 공간 속에서 성장하는 것으로 여겨진다. 여기에서 생물학적·사회적 집단에 대한 소속 개념이 발생한다.

더 나아가, 키는 자신에 대한 이미지를 가져다 준다. 만일 우리가 만들어낸 측정치들이 관계의 논리적 결과를 이끌어낸다면, 그것은 또한 내면의 울림을 가지고 있기도 하다. 어떤 아이는 또래 친구들보다 훨씬 키가 작다고 불평하고, 어떤 젊은 여성은 남자친구보다 머리 하나는 더 크다고 괴로워한다. 몇몇 풍자화에는 체격이 당당한 신부들을 대동한 왜소한 몸집의 신랑들이 행복해하는 모습이 우스꽝스레 묘사돼 있기도 하다. 구체적 사실은 어떤 재현을 통해 증폭되고, 상상적 효과로 인해 배가된다. 키가 여러 의미들을 도출하는 것은 분명하다. 이러한 심리적 현실은 도덕적 현실에 의해 확장된다. 각각의 개인은 '키 큰 남자'와 '위대한 남자' 사이의 미묘한 차이를 느낀다. 우리는 어쩌면 나폴레옹을 떠올릴 수도 있지 않을까?

이렇게 이 문제를 생각해보자. 단 하나의 물리적 결정론에서 벗어나면서 키는 키와 밀접하게 연결된 상상적 가치들을 감추고 있다. 보이는 현실과 보이지 않는 현실 사이, 다시 말해 원래의 것과 비유적인 것 사이에 귀중한 유대를 형성하면서, 이런 가치들의 대변인 역할을 하는 것이 언어다. 측정의 과학은 언어를 통해 여러 가치들의 영역 속에서 어떤 등가물을 찾는다. 중세 화가들이 인물의 중요도에 따라 나름의 두께를 부여하는 방식으로 그림을 그렸던 것과 마찬가지로, 키는 그 용어의 도덕적 · 심리적 · 철학적 의미의 영역을 표현한다. 이렇게 과거에 우리는 상대성 놀이를 했고, 운명을 가지고 장난을 쳤다.

운명에 활을 쏘아라… 그러면 상대성이 인사할 것이다

그런데 오늘날 '생물학적 운명'이라는 이 두 단어 중 '운명'이라는 말은 과학적 진보 덕분에 사라질 듯하다. 사실 아직까지 유전이라는 유산을 변형하는 일은 일어나지 않았다. 흔히 '유전자 변형 동물'들에서 보는 성공은 인간에게는 금지된 영역으로 남아 있기 때문이다. 하지만 성장 촉진을 목적으로 한 이론들의 도움을 얻는 것이 일반적인 현상은 아닐지라도, 어른이 되어서도 키가 지나치게 작을지 모르는 수많은 어린이들을 위해서는 적어도 가능한 일이다. 우리는 성장을 제어할 수 있으며, 지나치게 키가 큰 운명을 타고난 어른의 키를 줄이거나 아니면 사춘기의 성장 속도에도 관여할 수 있다.

　이제까지 특이하고 드문 경우에 해당되었던 이런 조치들은, 기술 진보라는 사실 그 자체에서 빠져나와 활용 가능한 것이 되었다. 이런 방법의 일반화는 문제를 일으킬 소지가 다분한 자율적 상황으로 이어질 것이다. 그것은 결국 생물학적으로 주어진 상황에서 벗어나면서, 키가 예외적인 유전적 특징이 아닌 단계에 이르도록 할 것이다. 분명히 우리가 원한다면 키를 더 크게 할 수 있을 것이다. 그리고 더 커질 것이다……. 이미 우리는 그것을 원한다. 때문에 이렇게 나타나는 욕망들이, 특히 키가 더 커지는 쪽으로 몰린다는 사실을 인식해야 한다. 일반적으로 '키가 작아지고' 싶어하는 요구가 훨씬 드무니까 말이다.

어쩌면 과거보다 오늘날 키가 미학적 명령에 더 많이 좌우된다고 확실히 말할 수 있다. 필자의 자의적 해석으로 들릴지 모르지만, 어느 정도 현대인의 마음속에 그런 점이 있는 것은 사실이다. 패션은 우리 시대에 큰 역할을 하며, 영화와 광고는 환상적인 키가 가져올 행복과 건강의 등식들을 게시한다.

이렇게 하나로 결합된 욕망과 진보에 화답하면서 키의 운명론은 사라질 것이다. 하지만 뒤에 이어질 인간의 변형은 집단적 측량이 요구하는 대로 개인을 억압하고 다양성을 분쇄할 위험이 있는 것은 아닐까? 우리는 실험실에서 산업적 차원에서 정상화된 키의 영약, 키를 커지게 하는 진짜 미약을 준비하면서 '신세계'의 어떤 변형 선상에 와 있는 것은 아닐까?

우리는 키에 개입하는 것이 유전자 조작이나 인공 출산과 같은 도덕적 문제들을 일으키는 것을 보고 있다. 더구나 미의 기준이 극단적으로 평준화되면서 다양한 인간적 특징들이 흐려졌음에도, 단순히 미적 만족이라는 뚜렷한 목적 아래 진행되는 이러한 일들은 머뭇거릴 기색이 없다. 그렇다면 우리는 '단순한 만족'이라는 개념으로 돌아와 다시 한 번 살펴보아야 한다.

키는 어떤 환상들을 재현할 수 있을까? 우리가 다다르고 싶어하는 큰 키 아니면 우리가 벗어나고 싶어하는 작은 키? 날씬함의 기준이 되는 모델들의 엄청난 확산에 의해 악화된 현재의 미적 유행일까? 아니면 우리가 프로메테우스를 평가하기로 합의한 시대에 인간이 자기 자신에 대해 그리는 이미지의 역사적 변화를 반영하는 것일까? 그리스 신화의 거인이라는 지표는 커지고자 하는 욕망과 연관이 있을까? 아니면 거기에는 인류학적 현실에 부응하는 더 깊은 욕구가 존재하는 것일까?

이런 물음들에 답하기 위해서는 우리 의식들을 채우는 과거와 현재의 집단적 이미지들의 도움을 얻어야 한다. 신화적이고 전설적이며 문학적이면서 광고와 관련된 이야기의 흐름을 거슬러 올라가 이런 이미지들을 통해 그것들이 감춘 깊은 의미들을 밝혀내야 한다. '크기'라는 말의 의미를 탐색해야 하며, 그것의 비정상성을 상징했던 이미지들 — 거인과 난쟁이 — 을 통해 그 이미지들이 재현하는 것 너머까지 가보아야 한다. 왜냐하면 재-현한다는 것은, 두 번 보여준다는 것이기 때문이다. 한 번은 대상을 보여주고, 또 한 번은 대상이 담은 의미를 보여준다. 이런 의미를 담고 있는 것이 가상이다. 상상력 분야의 실력 있는 연구자들이 보여주듯, 가상은 '그것 없이 말해질 수 없는 것을 말하는' ▪ 것이다.

▪ A. 페브르, 《누벨 옵세르바퇴르》, 1987년 8월.

제 1 장

키 의 문 제

1980년대 초반, 러시아 출신 외과의사 일리자로프[G. A. Ilizarov]는 사람의 팔다리를 늘리는 외과술을 발전시킴으로써 명성을 얻었다. 이 외과술의 장점은 뼈 조직이 압박 작용을 통해서만 생성될 수 있다는 통념을 깨고, 압력과 이완의 교차 작용이 뼈를 만드는 데 매우 효과적이라는 사실을 보여준 것이다. 이렇게 뼈 조직의 끝 부분이 서서히 벌어지면 손발이 6~10센티미터씩 더 길어지게 된다.

그렇지만 이 외과술은 적절하면서도 복잡한 기계적 조합을 수반하는 중대한 처리 과정을 거쳐야 한다(그림 1). 이 실험은, 우리가 흔히 보는 것처럼 소아마비 후유증이나 사고로 손발의 길이가 불균형한 경우나 심한 왜소증을 치료하는 데 적

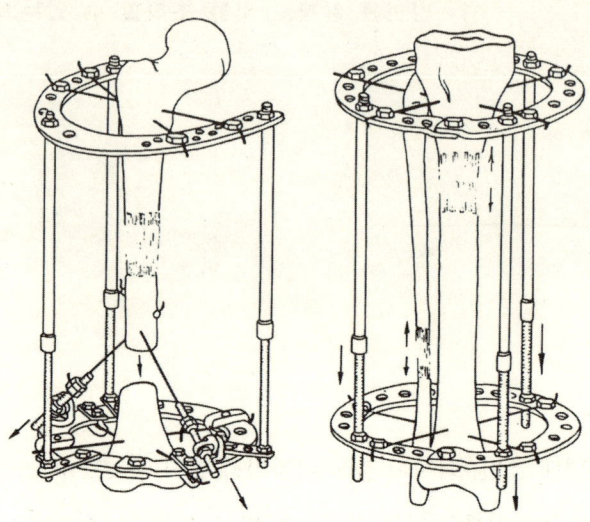

그림 1 일리자로프의 두 가지 장치. 오른쪽에는 단순한 늘리기 장치가 나와 있다. 왼쪽에 있는 장치는 두 개의 올리브나무 가지를 이용해 대동맥이 손상되지 않도록 뼈마디를 아래로 늘어뜨리는데, 이 뼈마디가 천천히 하강하며 상실된 조직을 원상복구하는 골화骨化 과정을 만들어낸다.

합하다. 그러나 이런 방식은, 적어도 의도하지는 않았더라도, 어느 정도 프로크루스테스의 방법을 떠올리게 한다.

2,050년 전 전설의 주인공이 쓴 방법 말이다. 그리스의 메가르에서 아테네로 가는 길목에서 여인숙을 하면서 강도짓을 하던 프로크루스테스는, 행인들을 붙들어다 한 침대에 줄지어 뉘어놓은 다음 어떤 사람들의 다리는 자르고, 또 어떤 사람들의 사지는 잡아당겨서 모두를 자신이 이상적이라 생각하는 크기(자기 침대의 평균 크기)에 맞추려고 했다. 크기에 지나치게 몰두한 이 이상주의자에게 정의의 심판이 내려졌다. 테세우스는 프로크루스테스의 머리를 잘라 그에게 똑같은 형벌을 감내하게 하였다.

프로크루스테스의 침대 이후, 인간의 키에 개입하고자 하는 기술은 다양하게 발전했다.

인간의 성장을 위한 생명공학

유전학의 놀라운 기술, 생명공학, 분자생물학은 최근 들어서 생명 과학의 진보에 큰 역할을 담당했다. 우리는 지난 시대의 발자취와 함께 1970년 장 로스탕^{Jean Rostand. 프랑스의 생물학자, 문필가}이 확언한 내용을 상기하면서 그 발전이 표상하는 놀라운 현상들을 가늠해본다. "옛 방식을 고수하던 과거의 생물학자들이 점차 자신들 세대와 멀어져서, 이제는 그들에게 얼마간의 회한과 존경을 느끼게 하는 새로운 형태의 유전학을 접하고 혼돈과 경악에 사로잡혀 있다."[*] 15년 후 프랑수아 그로^{Francois Gros}는 생물학에서 이루어진 대중화의 발자취를 확증하면서 이 발전이 단지 보건 분야에서 "사회 경제적 변화들을 일으키는 데 그치지 않고 … 우리 시대의 생태학적 변모에 깊은 관심을 보이는 대중들이 지니는 불안과 기대, 호기심에 맞닥뜨려 있"[**]음을 확인한다.

그러나 대중들에게 여전히 익숙지 않은 이 새로운 개념들처럼, 이런 다양성은 혼돈을 일으킬 요인이 될 위험이 있다. '유전적 조작'이라는 종^種의 용어가 적용된다 하더라도, 이것은 남용될 위험이 다분하다. 또 유전학의 놀라운 기술에 힘입어 게놈에 대한 개입, 체세포 유전자 이식, 의약 물질의 발견

---

[*] J. 로스탕, 『어느 생물학자의 편지』, A. 테트리 인용, 『장 로스탕, 미래의 인간』, 파리, 마뉴팍튀르, 1988, 132쪽.
[**] F. 그로, 『유전학, 생식과 법률』, 파리, PUF, 1985, 331쪽.

만큼이나 다양한 기술들과 혼동되거나 또는 충분히 구분되지 못할 수 있다. 성장을 위한 조치로는 이론적으로 세 가지 형태의 '유전학적 조작'이 가능하다. 하지만 생합성 성장 호르몬을 이용한 유전자 조작이 불러올 미래가 찬란하든 끔찍하든 간에, 결코 아직까지 인간에게 이런 시도가 이루어진 적이 없다는 사실을 강조해야만 할 것이다. 최근까지도 과학자들은 이것을 동물 실험에만 제한하고 있다.

1982년 말경에 유전학에서 이루어진 한 실험이 방송 매체를 떠들썩하게 한 적이 있다. 워싱턴 대학의 리처드 팰미터 Richard Palmiter와 펜실베이니아 대학의 랠프 브린스터Ralph Brinster가 이끄는 두 무리의 미국 과학자들이 막 수정된 생쥐의 난자에 일반 쥐의 성장 호르몬 유전자를 주입시킴으로써 '거대한' 생쥐를 얻어냈다. 이 생쥐들에는 '유전자 변형'이라는 명칭이 붙었다. 생쥐들의 유전 형질 속에 다른 종의 유전자가 통합되었기 때문이다. 더군다나 이 생쥐들은 문제의 유전자를 자손들에게도 전달했다. 얼마 뒤인 1985년, 파리의 파스퇴르 연구소 소속 연구원 샤를 바비네Charles Babinet와 도미니크 모렐로 Dominique Morello는 생쥐의 배아 속에 인간의 성장 호르몬 유전자를 집어넣음으로써 똑같은 결과를 얻었다.

연구소에서 이런 동물들을 만드는 것은 어려운 일일까? 사실 그렇다. 세부적인 사항까지 설명하지 않는다 하더라도, 이런 기술은 일련의 디옥시리보핵산(DNA)을 다른 것으로 대체하고, 수정된 난자 속에 이른바 '교정자'로 불리는 유전자를 집어넣는 방법을 택하고 있다. 가장 단순한 방법은 직접 DNA 용액을 수정된 난자핵 속에 집어넣는 것이다. 왜냐하면 세포질 속에 이 용액을 주입하면 대부분 효소가 급속히 파괴되기 때문이다.

이 방법에는 자연히 그만큼 정밀한 기술이 필요하다. 수백 개에서 수만 개에 이르는 선택된 복제 유전자들을 담은 DNA 용액 극미량(약 10^{-12}리터)을 미세한 피펫으로 세포에 주입하는 아주 섬세한 조작이 필요하기 때문이다. 생쥐나 돼지 같은 포유동물들의 경우에는 자궁을 세척하고 거기에서 교미한 지 몇 시간이 지난 수정란들을 채집한다. 이후 수정란에 DNA 용액을 주입하고, 그것을 다시 호르몬 상태로 만들어 준비된 '대리모들'의 자궁에 집어넣는다. 이른바 '유전자 조작'이라 명명하는 생쥐들, 토끼들, 양들, 곧 변형된 게놈을 소지하는 동물들은 이런 조작을 통해서 태어난다.

그러나 이 작업은 매우 어려운 데다 제한된 수의 배아만 처리하도록 허용되고 있으므로, 오직 전문 연구소에서만 이런 작업을 할 수 있다. 더구나 이렇게 이식된 유전자들은 아주 다양한 방식으로 발현되므로 일반에 증명하는 절차가 필요하다. 이질적인 유전자들이 서로 어떻게 작용할지 전혀 예측할 수 없기 때문이다. 따라서 만일 브린스터와 팰미터의 생쥐들 중 몇몇만이 '커다랗게' 변했다면, 이것은 그 동물들에 이식한 일반 쥐의 성장 호르몬 유전자가 강력히 작용했기 때문으로 볼 수도 있지만, 우연히 이 유전자가 담긴 세포들이 호르몬을 다량 생산했기 때문으로 해석할 수도 있다.

게다가 이질적인 유전자 이식이 늘 성공하는 것은 아니다. 무엇보다 새로운 유전자의 이식은 게놈을 변환시키는 데 초점을 맞추고 있으며, 따라서 후손들에게도 전이되는 예상치 못한 유전병이 생성될 위험이 있다. 사실 '유전자 변형' 동물은 염색체 안에 이질적인 복제 유전자를 담고 있으므로, 이후의 후손 동물들은 해로운 결과를 가져올지 모르는 새로운 유전적 특질을 전수받게 된다.

유전자 변형 동물을 획득하는 데에서 특별히 제기되는 윤리적 문제들은 무엇인가? 몇몇 사람들은 "이 가축들의 '질적인 부분'에 대한 존중의 부재가 인간이 자신과 세상에 대해

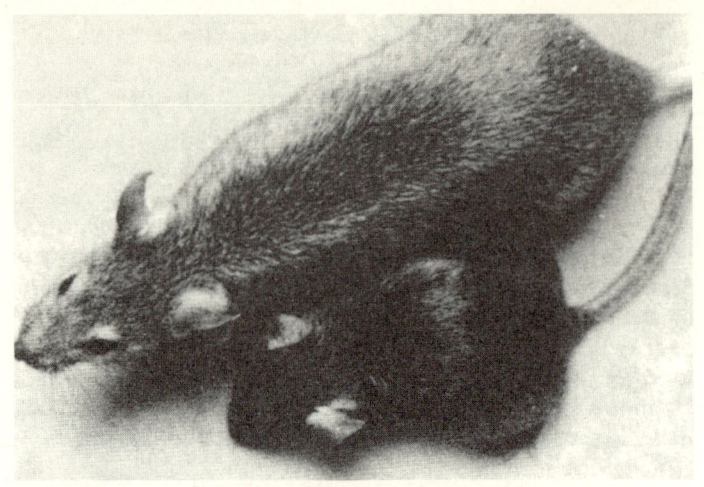

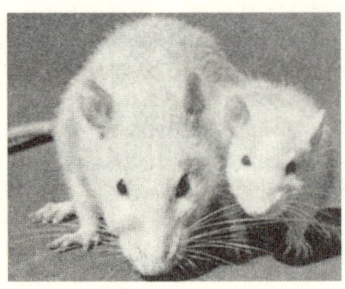

그림 2 │ 50년의 차이를 두고 인간이 '변형시킨' 두 마리 생쥐. 아래 그림에서는 두 마리 중 작은 생쥐가 뇌하수체 절제술을 통해 변형된 쥐다. 위쪽은 큰 생쥐가 유전자 변형 쥐다(L. –M. 후드빈, 논문, 1987, 188, 684~694쪽).

그리는 이미지에도 영향을 줄 것이다"*고 예견한다. 그럼에
도 유전자 변형 동물의 '발명'을 보호하는 첫번째 증서가 미
국에서 승인되었다. 1980년 미 대법원은 이러한 사례에 다음
과 같은 판결을 내렸다. "하늘 아래에서 인간이 만든 모든 것
은 승인될 수 있다." 이 경우에는 암 유발 유전자, 다시 말해
암 유전자를 조작함으로써 여러 종류의 암에 매우 취약해진
생쥐였다. 이 실험에서 생쥐는 유전적 특징을 지니면서도 실
험실에서 인위적으로 악화된 형질의 일부를 자연스럽게 만들
어냈다. 암 투병에 사용되는 새로운 마약 성분의 약품을 실험
하는 대상이 될 이 생쥐들은 중요한 상업적 쟁점을 보여준다.

그렇지만 아직 인간에 대한 의문이 모두 풀리지 않은 점을
고려할 때, 이런 문제들은 공통의 범주 내에 있는 것이 아니
다. 거듭 말하지만, 이런 유의 실험을 인간에게 적용하는 것
은 당면한 문제가 아니다. 유럽경제위원회의 윤리자문위원회
와 더불어 프랑스 국립윤리위원회는 1986년 12월 15일 선언
에서 치료 목적 외의 어떠한 유전 형질 변형도 금지한다고 강
조했다. 그러므로 분명히 말하건대, 여기에서 우리와 연관된

* M. 블랑, 『유전학의 시대』, 파리, 데쿠베르트, 1986.

문제로 남아 있는 '큰 키' 유전자를 인간에게 이식하는 것은 현재로서는 완전한 공상이라 할 수 있다. 무엇보다 우리는 이런 인간의 조작이 그것을 주창하는 사람에게 가져다 줄 이해 관계나 만족이 어떤 것인지 자문해보아야 한다.

유전자 치료

유전적 차원에서 인간이 자신에게 허용하는 유일한 조작은 — 이것은 엄청난 주의가 요구된다! — 개인에게 결핍된 유전자를 보충하는 것이다. 이런 경우 생식세포에 영향을 주지 않기 위해 각별히 주의해야 한다. 프랑수아 그로의 표현에 따르면, 이것은 '유전자 치료' 전략으로서, 유전 세포와는 달리 생식에 어떠한 역할도 하지 못하는 체세포들, 곧 다른 세포들 속에 이런 교정 유전자를 이식하는 것이다. 이 세포 변환 이후에 나타나는 게놈의 변형은 결국 똑같이 치료와 연관되고, 이때 제기되는 윤리적 문제들은 생식세포에 개입할 때보다 덜 까다로운 편이다.

그럼에도 1980년 미국인 마틴 클린^{Martin Cline}이 경험한 재난을 상기해볼 필요가 있다. 마틴 클린은 정상적인 헤모글로빈 합성 유전자를, 악성 빈혈의 원인이 되는 심각한 유전 혈액병 유형을 가진 두 환자의 연골 조직에 이식하려고 했다. 이 실험은 실패했고, 과학계 사방에서 비난이 쏟아졌다. 이 연구자는 캘리포니아 대학 교수직을 상실했고, 과학 위원회에서도 제명당했다. 클린이 시도한 치료가 실패했기 때문일까? 그렇지 않다. 대학 당국의 허가를 받지 않고 '유전자 이식'을 감행한 데 대한 벌이었다. 클린은 두 환자의 모국인 이스라엘과 이탈리아 정부를 회유해 실험 허가를 받았었다.

그렇지만 언젠가는 체세포 '유전자 치료'가 하나의 치료법이 되리라 감히 단언할 수 있다. 성장 장애에 대한 이 치료법은 생합성 성장 호르몬의 유전자 염색체 파괴와 관련된 뇌하수체성 왜소증이 희귀하거나 심각한 경우에 우선적으로 적용될 수 있다. 그렇지만 이렇게 해서 늘어난 키는 후대에까지 이어지지 않는다. 획득 형질은 유전적으로 전이될 수 없기 때문이다. 이것은 1965년 5월 7일 프랑수아 자코브[François Jacob, 1920 ~ . 프랑스의 분자생물학자]가 콜레주 드 프랑스의 개교식에서 명쾌하게 선언한 바와 같다. "핵이 가진 메시지는 경험이라는 교훈을 통해 얻을 수 없다."

생합성 성장 호르몬은 키를 크게 하는 영약인가?

성장 촉진 물질의 치료 목적을 생각할 때, 윤리적 문제는 원칙적으로 위와 같은 차원에서 존재하는 것은 아니다. 적어도 이 문제는 같은 차원에서 다루어질 수 없다. 이것은 무엇보다 현재 유전학 기술의 도움을 얻어 제조되는 성장 호르몬에 대한 이야기이다.

여기에서, 어떻게 유전적 도구를 이용해 새로운 물질들이 얻어지는지 간단히 생각해보자. 유전학의 기술은 단세포 물질에 이질적인 성분을 합성시킴으로써 신진대사를 변화시키는 방식을 취하고 있다. 문제는, 이 '도구적 세포들'의 차원에서 유전적 메시지의 의미가 변화하는 데 있다. 이러한 변화는 이른바 리보솜^{ribosome}이라는 작은 소포체에서 이루어진다. 바로 리보솜에서 단백질 합성에 필수적인 정보를 담은 유전 메시지가 해독된다.

1979년에 최초로 인간의 성장 호르몬 유전자를 대장균$^{Escherichia\ coli}$이라는 박테리아에 '이식하는' 데 성공했다. 이 '이식'을 실현시키기 위해서는, 뇌하수체에 다량 함유된 호르몬 전달자(m-RNA)인 리보핵산에서 시작해야 한다. 먼저 리보핵산으로 디옥시리보핵산(DNA)을 복제한다. 대장균의 유전형질 속에 삽입되는 것은 이 복제 DNA이다. 다음 단계는 이 식된 유전자의 발현, 곧 원래 세포 속에서 합성 호르몬을 얻는 것이다. 그러려면 이 유전자에 대응하는 DNA에 이른바 '조정 요소'라는 DNA 일부분을 첨가해야 한다. 이 부분은, 유전자에 의해 암호화되는 단백질 합성 명령이나 정지를 결정하는 역할을 한다. 이런 식으로 연구자들은 인체 유전자가 효과적으로 대장균(그림 3) 속에서 인간 성장 호르몬을 합성하도록 명령하게 만든다. 실제 실험에서는, 이 모든 공정들이 훨씬 더 복잡해서 191 활성산(그림 4)의 연속으로 구성된 커다란 분자인 성장 호르몬은 쉽사리 획득되지 않는다!

어찌되었든, 오늘날 우리는 인간의 뇌하수체에서 추출한 자연 호르몬과는 다른 '생합성'이라는 새로운 성장 호르몬을 활용하고 있다. 생합성 호르몬의 첫번째 사례는, 활성산을 함유한 것과 동일한 Met-GH 192이 최근 지네텍Genetech과 카비비트럼Kabi Vitrum에 의해 상품화된 것을 들 수 있다. 1985년 이래로, 여러 제약 회사들이 자연 호르몬과 같은 191 활성산을

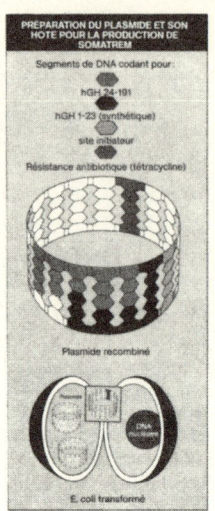

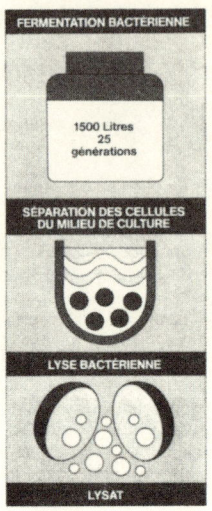

그림 3 유전 과학을 통한 인간 성장 호르몬(hGH)의 합성 원칙은 DNA의 새로운 조합 기술을 바탕으로 한다. 첫번째 단계는 hGH의 구성 요소인 191 활성산의 일부를 암호화한 유전자를 만드는 것이다. 이 유전자는 두 가지 DNA 분자 조각들의 결합으로 얻어진다. 하나는 최초의 23가지 활성산에 대한 암호로서 합성으로 얻어지며, 다른 하나는 인체에서 얻은 RNA 메시지, 곧 24~191까지 그 나머지 부분에 대한 암호를 뒤집어 복제함으로써 얻어진다. 그런 다음 이 활성 유전자는 리보솜의 전사 초기 단계에서 pHGH 407 원형질 벡터 속으로 삽입된다. 이 유전자(ATG)의 3가지 뉴클레오티드는 hGH의 합성을 주도하는 콘돈(유전 암호의 기본 단위)을 나타낸다. 이렇게 재조합된 원형질은 대장균 K12 속으로 삽입되고, 대장균이 증식하면 다량의 호르몬을 손쉽게 얻을 수 있다. 이 유전적 변형 말기에 hGH 유전자를 갖춘 이 박테리아는 생명 합성을 할 수 있게 된다. 재조합된 박테리아들은 hGH의 생산 물질을 확대시키기 위해 잠복기에 들어간다. 일단 박테리아가 이 중간 생산물에서 분리되어 나오면, 합성된 hGH를 보존하기 위해 세포 용해 작업에 들어간다.

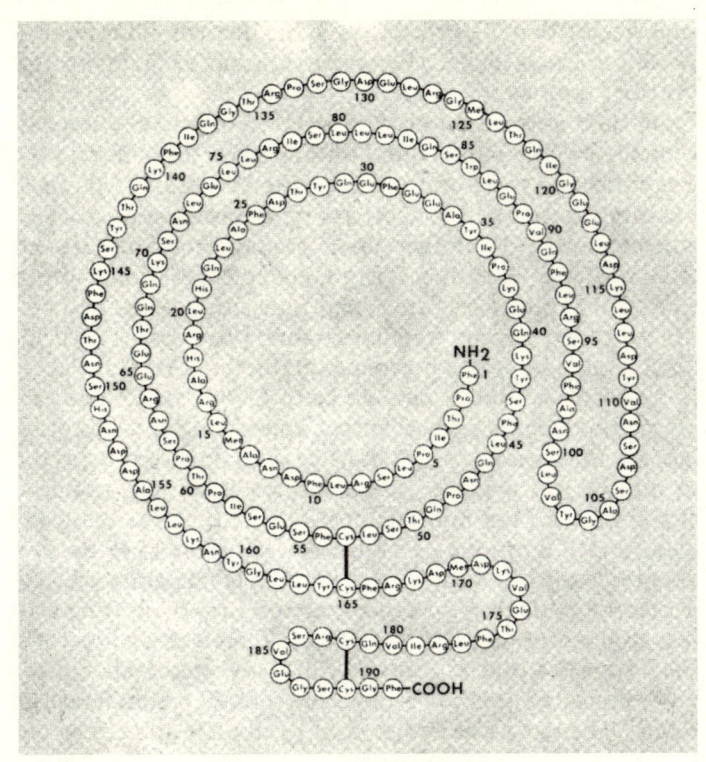

그림 4 사슬처럼 연결된 191의 활성산으로 만들어진 성장 호르몬의 분자 분포도

인간은 실제로 키를 조작할 수 있는가?

함유한 성장 호르몬 합성제를 만드는 데 성공했다. 일부 의약 연구소들은 이런 방식으로 생명공학에 도전하고 싶어했다. 이미 몇 년 전에 유전학 기술을 이용해 인슐린 생산에 참여했던 연구자들은 이제 자신들의 연구 영역을 성장 호르몬 쪽으로 넓혀갔다. 몇몇 연구자들은 결국 자연 성장 호르몬을 생산했고, 이 제조 과정을 새로운 요구에 적합하도록 만드는 책임을 부여받았다. 현재 생합성 성장 호르몬을 제조하는 국제적 회사는 다섯 개로 추산된다. 스웨덴의 카비 비트럼, 미국의 엘리 릴리Eli Lilly, 프랑스의 사노피Sanofi 그룹, 세로노Serono라는 스위스-이탈리아 합작 회사 그리고 덴마크의 노르디스크Nordisk 이다. 정확한 시장 규모는 집계되어 있지 않지만, 다만 이제까지 상황을 미루어 보건대 이 회사들은 잠재적인 성장 가능성만을 지닌 시장을 분할해서 점유하고 있는 듯하다.

단정하기는 어렵지만, 이 생합성 호르몬들은 지금까지 유일하게 사용되고 있으며 제한적으로 생산되는 인체 '추출' 성장 호르몬을 대체하려는 추세에 있다. 이제 이 물질은 부족 상태에서 별다른 과도기를 거치지 않고 과잉 생산으로 넘어간다. 하지만 이것을 혁명이라 말할 수 있을까?

1958년 미국에서 모리스 레이븐Maurice Raben이 뇌하수체성 왜소증 치료를 처음 시도한 이래, 치료 목적으로 사용된 성장 호르몬은 사체의 뇌하수체에서 추출되었다. 성장 호르몬 추출은 거의 '장기 기증'의 형태를 통해서 이루어졌는데, 그 너그러운 기증자들이 언제 기증할지는 아무도 사전에 알 수 없었다. 또 1973년 피에르 로예Pierre Royer가 창설하고 장 클로드 조브Jean Claude Job가 회장을 맡은 프랑스 뇌하수체협회에서 제공하는 이 호르몬들은 뇌하수체성 왜소증에 걸린 제한된 수의 아이들을 치료하는 데에만 사용되었다. 하지만 수량이 한정되어 있어서 사용하기가 매우 어려웠다.

그러다 1985년에 어린 시절에 추출 호르몬으로 치료를 받았던 성인들이 '크로이츠펠트 야콥' 병으로 사망하는 일이 발생했다.[*] 무엇보다 매우 희귀한 이 신경 질환은 특별한 경우에 인체에서 추출한 물질을 주입할 때 전이되는 단백질 세포 기관 조직체 안에 나타나는 현상과 연관이 있다. 당시 상당한 논란이 있었는데, 추출 성장 호르몬에 대한 실질적인 문제가 제기되면서 의약 시장에서 이 약품을 수거하고 이 병을 일으키지 않는 합성 호르몬으로 완전히 대체해야 한다는 필

[*] P. 브라운, C. 가주세크, C. J. 깁스, D. M 애셔, 《뉴잉글랜드 의학지》, 1985, 2, 260~262쪽.

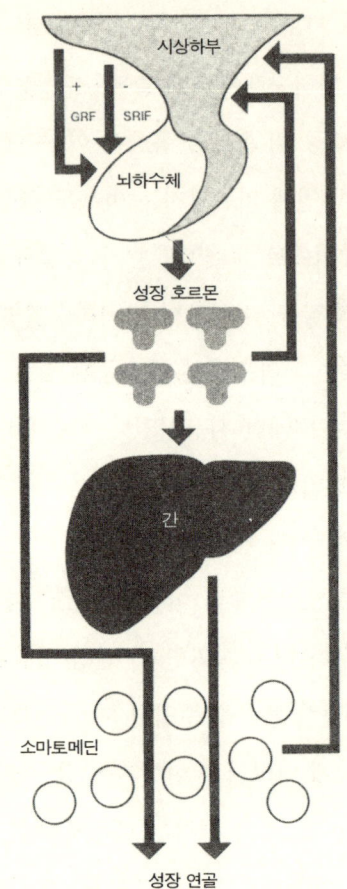

시상하부

+ -
GRF SRIF

뇌하수체

성장 호르몬

간

소마토메딘

성장 연골

그림 5 성장 호르몬 조절

요성이 제기되었다. 어쨌든 이 사건은 첨단 기술로 생산한 호르몬이 '깨끗한' 이미지를 갖는 데 기여했고, 이후부터 이 새로운 호르몬들만이 사용되고 있다.

이 일이 있고 나서 공업적으로 생산된 성장 호르몬들이 무제한적으로 사용되는 새로운 상황이 발생했다. 특히 수많은 연구자들이 줄을 이어 몇몇의 조직 성장 요소들을 특질화시킨 소마토메딘somatomedin과 더불어 뇌하수체의 소마토트로핀 somatotropin (소마토크리닌somatocrinine과 소마토스타틴somatostatine)의 활동을 가속화시키거나 제어하는 시상하부 요소들을 합성하는 작업에 매진했다. 이 모든 펩티드 물질들은 성장 호르몬을 조절하는 역할을 담당한다(그림 5). 소마토크리닌은 시상하부에서 만들어진 44 활성산의 폴리펩티드이다. 이 물질은 극소량의 농축액으로서 뇌하수체에 닿으면 성장 호르몬의 분비를 유발한다. 놀라운 것은, 이 모든 분자들이 이미 또는 근년에 성장을 촉진시키는 의약품이 될 가능성이 있다는 것이다. 그리고 그것이 전부가 아니다. 사춘기 성장에 관여하는 강력한 약효를 지닌 물질들이 현재 사용되고 있다. 간단히 말해서, 이것은 조만간 나오게 될 '키를 크게 하는 진정한 영약'이 될 것이다.

그런데 이 의학적 발견들은 사회적 요인들과도 결부되어 있다. 이것은 이 생합성 호르몬들이 단지 치료 목적으로만 활용되지 않을 수도 있다는 점을 시사한다. 성장 호르몬 시장은 미국에서 이미 연간 1억 달러라는 가상 수치로 나타나고 있다.* 현실이 엄격히 제한되어 있다는 것을 고려한다면, 미래의 상황은 어떻게 될까? 짐작건대, 그 위험은 수위를 초과할 만큼 크다. 뇌하수체성 왜소증 치료 이외에 다른 목적으로 성장 호르몬을 사용하고자 하는 유혹은 스포츠 분야에서 이미 나타나고 있다. 또 다르게는 한 독재자의 노화를 막는 작업에서도 드러났다.

우리 시대에 만연한 도덕적 관용주의, 미적 요구들만이 논란 거리는 아니다. 눈을 돌려 역사를 들여다보면, 또 다른 욕망들과 이 욕망을 충족시키기 위해 이루어진 모색들이 있음을 확인할 수 있다. 확실히 과거에도 키는 이미 고객과 공급자와 생산자가 있었던 시장의 상품이었다.

* M. 그룹바크,《뉴잉글랜드 의학지》, 1988, 319, 240쪽.

과거 : 전도된 관심 |

인류의 역사를 살펴보면, 지나치게 큰 옷을 입은 존재들, 특히 난쟁이들에 대한 관심을 발견할 수 있다. 아주 오랜 옛날부터, 중국인들에서 이집트인들까지, 로마 시대부터 중세 유럽에 이르기까지, 16세기와 17세기의 진정한 광기와 더불어 이 열광은 지속됐다. 그리고 이러한 열기는 러시아 황제 니콜라이 2세가 난쟁이들에 둘러싸여 살았던 20세기 초반까지 이어진다.

관습, 간단히 말해서 난쟁이를 '소유하는' 전통은 동양에서 시작된 듯하다. 초기 바빌로니아의 시, 기원전 1200년경에 씌어진 『에누마 엘리시$^{Enuma\ Elish}$』에는 라함이 나온다. 라함은 티아마트의 남편인데, 만세상의 어머니인 티아마트는 반려자이자 조언자이고 이야기를 들어주는 자이며 익살꾼이었다. 이집트 왕조와 관련된 역사적 자료들은 당시 궁정에서 산 난쟁이들의 존재를 증언한다. 고대 이집트 무덤에서는 이 점에서 추호의 의심도 남기지 않을 만한 증거들이 나오고 있다. 예를 들어 사콰라^{Saqqarah} 지방에는 높이 30센티미터에 '요리사'로 알려진 한 난쟁이를 형상화한 석상이 있다. 에티오피아에서 온 난쟁이들은 예부터 춤이나 다산과 연관된 역할을 수행했다. 난쟁이 신 베스(사진 6)는 이 다산성을 수호하는 인물이었다.

난쟁이를 소유하는 풍습은 고대부터 다양한 지역에 존재했다. 시바리스$^{이탈리아\ 남부에\ 있던\ 기원전\ 510년에\ 멸망한\ 그리스\ 도시}$인들은 난쟁이들에게 중요한 역할을 부여하였고, 로마 제국 초기 시절에도 이집트와 시리아에서 로마로 온 이 존재들을 발견할 수 있다. 로마의 난쟁이들은 아주 다양한 역할을 수행했다. 고문관에서 이야기 상대자, 애완 동물들과 같은 취급을 받는 노예에 이르기까지 난쟁이들의 역할은 천차만별이었다. 흔히 난쟁이들은 개인의 소유물로 취급되었다. 난쟁이들은 당시 사람들

그림 6 | 연골발육부전증은 유전병으로, 성장 연골의 선천적 영양실조증과 연관된 가장 심한 정신분열적 왜소증 중 하나다. 이집트의 신 베스의 형상은 이 병의 한 예를 보여준다. 연골발 육부전증은 소지증과 출생부터 눈에 띄는 안면-두개골의 변형으로 특징지워진다. 손은 손가 락이 짧고 중지와 약지가 벌어지면서 세발쟁기 모양을 하고 있다. 흔히 관절 운동의 제한, 특 히 팔꿈치가 유연하게 움직이지 못한다. 몸통은 허리 부분의 과도한 척추 전굴증으로 상대적 으로 길어 보인다. 큰 두개골, 안면 융기, 안장코에 주걱턱은 독특한 인상을 준다. 이 병은 성인 이 되어도 1미터 20센티미터 정도밖에 되지 않는 극심한 왜소증의 원인이 된다.

이 가장 갖고 싶어하는 희귀한 '물건'에 속했다. 그 뒤의 시기에도 백작부인이나 공작부인 같은 특권 계층 부인들이, 발가벗은 채 금치장을 하고 저택 안을 돌아다니는 이 살아 있는 골동품들에 둘러싸여 있기를 좋아했다. 사투르누스제 같은 성대한 축제가 있는 날에는 난쟁이들은 추첨의 대상이었다. 또 리본으로 묶인 상자 속에서 나오는 선물 같은 존재이기도 했다. 식탁에서는 난쟁이들이 거대한 파이 속에 숨어 있다가 밖으로 튀어나왔다.

문명이라는 허식에 감싸여 있지만 식인이라는 야만의 냄새가 나는 이 본능적 욕망은, 이후로도 오랜 세월을 구가했음에 틀림없다. 그렇게 해서 버킹엄 공작비는 제프리 허드슨^{Jeffrey Hudson}이라는 난쟁이를 프랑스의 앙리에트 마리 공주에게 선물로 보내게 된다. 허드슨은 머리에서 발끝까지 군장을 한 채로 딱딱한 파이 껍질 바깥으로 튀어나와서 좌중의 웃음과 환호의 대상이 되었다. 그러나 난쟁이들의 존재가 '식욕의 대상'으로 조건지어졌다고 해서, 이들이 용기 있는 행동을 하지 못한 것은 아니었다. 허드슨은 자신을 조롱하기 위해 물총만 들고 결투장에 나온 크로프츠라는 사람을 작은 단검으로 단숨에 해치워버렸다.

설사 난쟁이들이 애정의 대상이 된다 하더라도 — 아우구스트 황제는 난쟁이를 추억하기 위해 두 눈을 다이아몬드로 박은 작은 석상을 제작하게 했다 — , 난쟁이들은 공식적으로 실존의 권리가 없었다. 연대기 작가들의 표현에 따르면, 궁정의 고문서를 통해 알 수 있듯이 난쟁이들은 키 큰 '주인들'에 소속된 존재들이었다.

그런데 옛날, 아주 어렸을 적에는 우리도 '난쟁이가 될' 수 있었다. 사실 난쟁이인 척만 하면 가능한 일이었고, 누구나가 그렇게 할 수 있었다. 우리는 난쟁이가 됨으로써 유명해지고, 주변 사람들의 사랑을 받을 수 있었다. 하지만 주먹질도 감내해야 했을 것이다. 난쟁이가 겪는 일상적 절차는 보통 단순했다. 가난한 가정에서 태어난 한 난쟁이 아이는 처음에는 호기심을 끄는 성공적 존재였을지언정, 커서 생계를 유지할 수 없다는 이유 때문에 나중에는 권세 있는 집에 팔려가는 신세가 된다.

몇몇 난쟁이들은 이런 식의 과정을 '거쳤고' 그 시대에 엄청난 인기를 모았다. 폴란드의 왕 스타니수아프 레슈친스키 Stanislaw I. 1677~1766의 난쟁이, 원래 이름이 니콜라 페리Nicolas Ferry인 베베(아기라는 뜻)와 후미엑스카 백작부인의 난쟁이 보루라프스키[Borulawski] 그리고 좀더 가까운 시대에 나타나는 유명한 '엄지 장군 톰' 등이 모두 이런 과정을 거쳤다.

베베는 점액수종의 갑상선 분비 부족으로 난쟁이가 되었고, 당시 대단한 인기를 끌었지만 지능이 모자랐다. 그는 거의 집에서 기르는 동물과 비슷하게 취급되었다. 디드로의 『백과전서[L' Encyclopédie]』에는 1760년 스물두 살이었던 베베의 얼굴 생김새에 대한 묘사가 나와 있다. "베베는 노인처럼 등이 굽고 안색은 창백하며, 한쪽 어깨가 다른 한쪽보다 굵다. 매부리코는 삐뚤어진 형상이고, 지능은 형성되지 않아서 읽는 법도 배울 수가 없다."[*] 이 글이 씌어지고 나서 4년 만에 베베가 죽었을 때 주인은 그에게 장례식을 열어주는 영예를 선사한다. 게다가 베베의 뼈는 당시 박물관에 보관되었는데, 지금도 파리 플랑트 궁정 박물관에 가면 관람할 수가 있다.

보루라프스키는 좀 색다른 인물이었다. 보루라프스키는 태어날 때 22센티미터밖에 되지 않았지만, 보기 좋게 몸의 균형이 잡혀 있었고 베베보다 지능이 훨씬 뛰어났다. 보루라프스키는 모국어 외에도 독일어와 프랑스어를 할 줄 알았다. 항

[*] E. 가르니에, 『난쟁이와 거인』, 77, 83쪽.

그림 7 〈앙리에트 마리 공주와 제프리 허드슨 경〉, 반 데이크, 1633
그림 8 〈시녀들〉, 벨라스케스, 1658

상 유머와 재담을 잃지 않아서 궁정에서는 훌륭한 사교인이었다. 그 시대에 귀족들 앞에서 그들의 근엄한 무릎 위에 앉혀진 난쟁이는 매우 드물었다. 한번은 나사우^{Nassau}의 공주가 키가 너무 작아서 괴롭지 않느냐고 묻자, 보루라프스키는 이렇게 대답했다고 한다. "천만에요. 만일 제 키가 컸다면 오늘날 공주 전하의 무릎에 앉는 영예를 얻지 못했을 게 아닙니까?"

난쟁이는 단지 장식적 역할에만 머물지 않고 자신의 작은 키를 이용하여 재담가의 재능까지 보여주었다. 당시에 난쟁이들은 광대 역할을 했다. 어떤 이들은 이 방면에서 명성을 얻었는데, 특히 프랑스에서 그러했다. 카이예트^{Caillette}, 루이12세의 난쟁이 트리불레^{Triboulet}, 시코^{Chicot} 등등. 난쟁이들은 하인복을 입고, 짐짓 무례한 태도를 보였다. 난쟁이들의 자연스런 변장은 기형적 형태로 나타났으며, 이 모든 것은 모호함 속에서 광인의 역할을 하기 위한 입문 과정에 속했다. 빅토르 위고는 진심으로, 자신에게 부여된 뛰어난 글솜씨로 이 풍습에 반기를 들었다. 위고의 『웃는 남자^{L'homme quirit}』에는 이런 구절이 나와 있다. "궁정의 익살꾼은 인간을 원숭이처럼 만들려는 노력에 다름 아니다. 퇴보하는 진보, 뒷걸음치는 걸작이다.

동시에 사람들은 이로써 인간 원숭이를 만들려 한다. 클리블랜드 공작부인이자 사우스햄턴 백작부인인 바르브는 못생긴 난쟁이를 위해 한 지면을 할애했다. 남작 반열의 여덟 번째 여귀족인 더들리 남작부인, 프랑수아즈 수통은 수노루로 변장한 장난꾸러기에게 '나의 검둥이'라고 애칭을 부르며 차 심부름을 시킨다. 도체스터 백작부인인 캐서린 시들리는 하인복 차림으로 서서 주둥이를 한껏 내민 세 마리 비비족을 뒤에 세우고 의회에서 모임을 가질 계획이었다. 메디나-콜리 공작부인의 추기경 폴뤼스는 아침 의식을 치를 때면 자기 발아래 오랑우탄을 한 마리 데리고 다녔다. 귀족들의 행렬에 함께 태워진 원숭이들은 혹사되고 짐승처럼 취급되는 인간들에게 더한 부담을 주었다. 귀족들이 의도한 인간과 짐승의 이러한 혼란은 특히 난쟁이와 개가 보여준다. 난쟁이는 자기보다 조금 더 작은 개의 곁을 결코 떠나지 않는다. 개는 난쟁이와 늘 함께한다. 마치 두 줄로 엮인 목걸이처럼."

난쟁이와 개를 나란히 놓는 것은 이 시대의 유명한 화가나 조각가들의 작품 속에서도 확인할 수 있다. 파올로 베로네세 Paolo Veronese. 16세기 베네치아 화파 가운데 하나와 도메니코 Domenico Veneziano는 자신들의 그림에 이런 장면을 수없이 그려 넣었으며, 루벤스도 개

그림 9 ｜ 찰스 스트래튼의 결혼 사진, 1863

들과 함께 있는 아룬델 백작부인의 난쟁이를 그렸다. 1658년 벨라스케스^{Diego Velázquez, 1599~1660}가 그린 〈시녀들^{Las Meninas}〉에는, 개들에 둘러싸인 난쟁이 니콜라시노 페르투사노와 마리아 바르볼라를 대동한 오스트리아의 마르가리타 마리 공주의 모습이 담겨 있다. 데베리아^{Eugène Devéria, 1805~1865}의 〈앙리 4세의 탄생 Naissane d' Henri IV〉 초안 그림에는 풀어놓은 그레이하운드보다 조금 큰 기형 난쟁이가 한자리를 차지하고 있다.

보통 난쟁이들은 주인이 데리고 다니는 개나 원숭이, 그 밖의 동물들을 돌보는 역할을 한 것처럼 보인다. 그렇지만 사실 그 속에서 난쟁이의 존재는 동물들과 같이 취급되었다 해도 과언이 아니다. 동물들과 함께 다니던 난쟁이들처럼, 또 다른 난쟁이들은 시간 때우기용이나 오락 거리, 장난감의 역할을 했다. 이런 성향은 우리 시대의 사람들이 아주 키가 작은 동급생을 대하는 태도에서도 그 잔재를 찾아볼 수 있다.

이후 사회가 변하면서 서커스나 뮤직홀에서 직업적으로 성공한 난쟁이들이 나온다. 19세기에는 본명은 찰스 스트래튼 Charles S. Stratton이고, 바넘에 의해 '만들어진' 엄지 장군 톰이 대표적이다. 톰은 나폴레옹 1세의 제복을 차려입고 그로테스크한 정복자의 표정들을 보여주면서 공연에서 엄청난 성공을 거두었다. 그에 대한 재미있는 일화가 하나 있다. 엄지 장군 톰이 파리에서 프랑스의 유명한 가수 라블라슈와 함께 지낼 때의 일이다. 이 가수의 키는 육척장신이었다. 한번은 영국인들이 엄지 장군 톰을 찾아와 초인종을 눌렀는데, 거인이 나온 것을 보고는 까무라칠 정도로 놀랐다. 그러자 엄지 장군 톰은 이렇게 농을 건넸다. "여러분이 놀라시는 것도 이해가 갑니다. 하지만 아무도 찾아오지 않을 때면, 저는 늘 이렇게 늘어나 있답니다……."

이런 난쟁이들 가운데에는 유아 시절에 갑상선 장애를 앓은 경우가 많았다. 아이의 성장을 다룬 초기 저작들 가운데 한 곳에서 아페르^{Apert}는 이렇게 적고 있다. "릴리펏이라는 이름으로 전세계 도시를 순회하는 난쟁이 전시장에서, 전시된 150명 난쟁이 가운데 3분의 2 이상이 갑상선 장애이다. 이중 4분의 1은 연골발육부전증에 속한다. 이 병은 다만 뼈가 잘 자라지 않는 것일 뿐 소아증을 수반하지 않는다. 그리고 격리된 몇몇 난쟁이들에서는 더 희귀하면서도 아직 분류가 제대로 되지 않은 유형이 발견되었다."▪

▪ E. 아페르, 『성장』, 파리, 플라마리옹, 1921, 144쪽.

그런데 자연 발생적인 난쟁이가 희귀한 물품에 속한다면, 많은 수요를 충족시키려면 생산이라도 해야 했다. 난쟁이들이 물건처럼 거래되는 궁정, 난쟁이들에 대한 열광적인 소유욕은 실질적인 난쟁이 시장을 형성하게 만들었고, 이러한 상황을 오늘날 상상하는 것은 매우 고통스러운 일이다. 중국에서든 델로스에서든, 또는 자기 자신에게든 아니면 흑인이나 그후 일련의 인간들에게 행해진 것이든 간에, 인간은 난쟁이들을 사고 팔 생각을 했으며, 결국 상품을 만들었고, 그리고 팔았다.

키의 '암거래상들'에 의해 조작된 사람들

이미 알려진 사실이지만, 불충분한 영양 섭취는 어느 정도 인간의 자연스러운 성장 가능성에 해를 끼칠 수 있다. 수백만의 사람들, 다시 말해 거의 모든 종족들이 일정한 키를 가지고 있으며, 단지 영양실조 때문에 비정상적인 키를 갖게 된다.

일본인들은, 식물이 자라는 데 필요한 영양 가운데 일부가 빠진 토양으로 양분을 불충분하게 공급하여 일종의 난쟁이

나무인 '분재'를 만들어냈다. 한편 비슷한 방식으로 18세기 공작부인들이 귀여워하던 유명한 복슬 강아지와 땅개도 생겨 났다. 아주 작은 이 동물들은 흥분제, 알코올 음료, 물약 등 특별한 사료만 먹고 마사지를 받았다고 한다. 사육사는 동물 들의 섬유조직을 줄어들게 해서 근육이 비틀리고 경련이 일 게 함으로써 여러 가지 귀한 난쟁이 종들을 얻을 수 있었다.

이 방식은 사회에 유행처럼 퍼져서, 어떤 시대에는 난쟁이 아이를 얻는 데 이용되기도 했다. 속설에 따르면, 동양에서 성장을 멈추는 기술을 배운 로마의 상인들은 아이들을 사 가 지고 집으로 데리고 와서는 성장을 억제시키기 위해 만든 상 자 같은 데 넣어두었다고 한다. 그리스 철학자 롱기노스 Longinos. ?~?의 『숭고에 대하여Peri Hypsous』에서는 이 유명한 상자의 사용법과 난쟁이 제조 과정이 언급되어 있다. "… 난쟁이라고 야만스레 불리어지는 소인들이 갇혀 지내는 이 상자는 성장 을 멈추게 하는 효과가 있다. 그 밖에 몸에 띠를 두르는 방식 으로도 체구를 더 작게 만들 수 있다."▪

다른 기술들도 있었다. 에두아르 가르니에Edouard Garnier는, 17

▪ E. 가르니에, 『난쟁이와 거인』, 같은 책, 83쪽.

세기 이탈리아에서 한 남자가 — 말 그대로 끔찍하게도 — 갓 태어난 아이들의 관절과 등골뼈에 어떤 연고를 발랐는데, 등골뼈의 연골이 말라서 성장이 제어될 때까지 이 일을 계속했다고 증언한다. 그 남자는 당시에 난쟁이가 된 아이들을 귀족들에게 팔아넘겼다. 이 마법의 연고는 태어나면서부터 아주 키가 작은 동물들, 곧 설치동물, 박쥐, 두더지 등의 지방을, 그가 효과가 있다고 여기는 방식에 따라 섞어서 만들었다고 한다.

하지만 이런 방식들 가운데서도 가장 눈길을 끄는 것은 빅토르 위고[Victor Hugo, 1802~1885]가 『콤프라시코스[Comprachicos] (아이 상인들)』에서 언급한 내용이다. 웅변조의 이 글은 17세기에 유행했던 고통스러운 현실을 실감나게 보여준다.

"17세기에 유명했던 '콤프라시코스'는 18세기에 와서 잊혀져 오늘날에는 기억 속에서 사라진 흉악하면서도 기이한 유랑 무리이다. '콤프라시코스'는 아이들을 매매했다. 아이들을 사고 팔았다. 그렇다면 아이들을 가지고 무엇을 했단 말인가? 괴물을 만들었다. 그럼 왜 괴물인가? 단지 오락을 위해서였다."

"어쨌든 성공하려면, 아이들을 일찌감치 데려와야 했다. 난쟁이를 만들려면 어릴 때 시작해야 하기 때문이다. 이 아이들을 통해서 아기 놀이가 가능하다. 하지만 정상적인 아이는 별로 재미가 없다. 꼽추가 훨씬 재밌다."

"여기에는 기술이 필요하다. 물론 사육사들도. 사육사들은 일단 아이를 데려오면 발육부진 상태로 만들었다. 아이들의 얼굴은 상스러워지고, 성장은 억제되었다. 용모는 사육사가 원하는 대로 만들어졌다."

"이러한 인공적인 기형 생산에는 법칙이 있었다. 그것도 일종의 과학이었다. 이 방법은, 흔히 상상하는 정형외과와는 정반대라 할 수 있다. 신이 눈길을 준 그곳에 사시를 만들고, 신이 조화를 부여한 곳에 기형을 만든다. 신이 완벽을 추구한 곳에 조잡함이 만들어졌다. 그리고 감정가의 눈에 이것은 조잡함이되, 완벽한 작품이었다……."

"실존의 법칙은 기괴하면서도 독특한 존재들을 만들어냈다. 고통의 허용, 유희의 질서가 만들어낸 존재들이었다."

더 나아가 저자는 호흡을 고른 뒤, 중국의 몇몇 '세밀한 방법들'에 대해 말한다.

"중국에서는 전 시대에 걸쳐서 이런 방식과 산업이 발전했다. 다름아닌 살아 있는 인간의 주조이다. 이 일을 하는 사람들은 두세 살 된 아이 하나를 데려온다. 그러고는 뚜껑도 없고 밑동도 없는 기이하게 생긴 도자기 안에 아이를 집어넣는다. 이것은 아이의 머리와 발만 빠져 나오게 하기 위해서다. 사람들은 낮에는 도자기를 세워놓고, 밤에는 아이가 잘 수 있도록 도자기를 옆으로 뉘어놓는다. 아이는 도자기 속에서 크지는 않고 굵어지기만 한다. 살은 겹겹이 쌓이고 뒤틀린 뼈는 도자기의 돋을새김 장식이 된다. 아이는 독 안에서 이런 방식으로 몇 년 동안 자란다. 그리고 어느 시기가 되면 아이의 모양은 회복될 수 없는 형태로 변한다."

"작업이 끝나고 그래서 괴물이 만들어졌다는 판단이 섰을 때, 도자기를 깬다. 그러면 아이는 바깥으로 나오고, 비로소 사람들은 도자기 모양으로 생긴 한 인간을 보게 된다. 이 방법은 편리하다. 사람들이 각각 자신의 취향에 따라 난쟁이를 주문할 수 있기 때문이다."

키를 '유전적'으로 조작하기 위한 고대인의 시도들

이러한 수공업적인 개량은 방법상 오직 개인들에게 이루어질 수밖에 없었다. 하지만 더 광범위한 차원에서 — 가능하다면 유전적 측면에서 — 키를 조작하고자 하는 유혹은 조물주의 시도 이상을 상상하게 했다. 키의 유전적 특질에 대한 개입들, 오늘날까지 흐름을 이어오는 그 유명한 유전적 조작의 경우, 원칙이나 시도 면에서 볼 때 우리네 조상들도 결코 뒤지지 않는다.

유유히 명맥을 이어오는 이 평준화의 찬미자들 가운데에는 무엇보다 이상주의자들이 있다. 플라톤은 이미 『국가』에서 우생학적 결혼 계획을 밝힌 적이 있고, 이것은 그가 꿈꾸는 이상적 도시를 건설하기 위한 토대였다. 17세기의 캄파넬라 Tommaso Campanella, 1568~1639, 이탈리아 철학자는 '태양의 나라' 라는 정부를 상상하며 출산을 주관하는 사랑 부문 장관을 생각해냈다. 그리고 프랜시스 베이컨Francis Bacon, 1561~1626, 영국의 대문장가은 『노바 아틀란티스Nova Atlantis』에서 수많은 첨단 기술들이 실현되는 거대한 실험실을 조직한다. 여기서 천재적 능력을 지닌 인간들을 만들기 위해 새로운 종족들을 탄생시킨다. 좀더 최근 시대에 와서는 『멋진 신세계Brave New World』에 나오는 줄지어 늘어선 재생 시스템과 인공 보육기의 존재가 떠오른다. 실험적 시도에서, 어떤 이들은 유전 법칙들을 아무렇게나 남용해 조작했다.

앙리 2세의 아내로 잘 알려진 카트린 드 메디시스^{Catherine de} Médicis. 1519~1589는 난쟁이들끼리 결혼을 시켰다. 러시아의 표트르 1세의 누이였던 나탈랴 대공부인은 엄청난 규모의 실험을 감행했다. 이 여공비는 자연주의자들의 이론에 힘입어 난쟁이들끼리의 결혼을 꾸몄다. 당시에 이 계획을 실현시키기 위해서 러시아의 난쟁이들을 한자리에 불러모았다. 모두 93명이었고, 나탈랴 대공비는 사치스럽게도 마구를 단 작은 말들이 끌고 난쟁이들의 키에 맞게 제작된 포장마차에 이들을 태웠다. 행렬은 모스크바의 거리를 누볐다. 하지만 그녀의 노력은 수포로 돌아갔다. 엄청난 비용과 노력을 들였음에도, 이렇게 결혼한 난쟁이 부부들의 후손은 난쟁이가 아니었다…….

유전적 선별을 통해 인간의 키를 '개선'하고자 한 최초의 노력은 프로이센의 프리드리히 빌헬름^{Friedrich Wilhelm. 1620~1688} 황제에 의해 시도되었다. 큰 키를 정말 좋아한 이 군주가 키가 큰 군인들만 골라 '장대' 근위 부대를 창설하여 중유럽에 주둔시킨 사실은 너무나도 유명하다. 프리드리히 빌헬름의 이런 성향은 거의 집착에 가까웠던 것으로 알려진다! 그는 늘씬한 처녀들을 만날 때마다 자신의 근위 병사들과 결혼시키려고 애썼다. 빌헬름 황제는 이렇게 하면 언젠가 특별한 인간 종족을 탄생시킬 수 있으리라 기대했다.

더욱 진지한 노력들

이런 흐름은 50년 후, 국가사회주의 이데올로기의 이론가들에 의해 새롭게 재개되었다. 큰 키를 얻기 위해 — 현대적 의미에서 — 유전자를 변형시키려는 노력들은 점차 진지해졌고, 이것은 공공연히 정치적 지배를 목적으로 했다. 히틀러는 『나의 투쟁』에서 이렇게 주장했다. "아리아인은 인간 종족의 프로메테우스다. 신에게 부여받은 재능의 불씨는 모든 시대에 영민한 그의 머리에서 솟아나온다." 큰 키는 이 거인화 작업의 아름다운 일부였다. 동기를 부여받은 과학자들은 '순수한' 아리아인들을 재생산하기 위한 계획에 착수했다. 자크 뤼피에Jacques Ruffie는 1936년 '레벤스보른Lebensborn. 히틀러 정권이 세운 독일계 우수 민족 양육 계획이 창설된 것은 이런 맥락에서였다고 술회한다. 레벤스보른 계획은 특권층 아리아 족의 남자(일반적으로 SS 계통에서 차출된)와 순수 혈통의 젊은 처녀들을 결혼시켜 이상적인 독일계 민족을 만들려는 것이었다. 그런데 이렇게 고르고 골라 결혼시켰는데도 태어난 아이가 기대에 못 미칠 경우에 그 아이는 제거 대상이 되었다. 자크 뤼피에도 지적하듯이, 이런 선별은 틀림없이 독일인을 '생물학적 자살로 몰아넣을' 것이었다. "유전적으로 퇴화한 이 '귀족 종족'은 빠른 시간 내에 나약한 인간들로 변모하고 타락할 것이다."▪

그렇다면 이 '자연 도퇴' 외에 또 다른 시도들은 없었을까? 나치 기간 동안 시도한 이 작업에 대해 과학자들이 결의한 암묵적인 합의는 해답을 얻지 못한 채 끝나고 만다.

이 모든 사실들을 통해서 우리는 인간이 키에 대해 가지는 관심과 그로 인해 얻어진 결과들을 짐작할 수 있다. 이 과도한 신체적 특징에 부여된 권력, 난쟁이에 가해진 권력, 거인을 기대하는 권력. 인간이 꿔온 이러한 꿈들 속에서 우리는 그 이면의 의미를 깨닫고, 우생학의 한계를 염두에 두면서 과거의 전례들을 되짚어보아야 한다.

그런데 오늘날 우리가 되새기는 이 부끄러운 산업의 언저리에는, 키가 과연 과학적 주제인지 정밀한 조사 대상인지 묻는 진지한 물음이 숨어 있다. 아리스토텔레스 이후 자연주의

▪ J. 뤼피에, 『생물학에서 문화까지』, 파리, 플라마리옹, 1983, 2권, 180쪽.

자들이 작업해온 이래, 키에 대한 관심은 어떤 기준을 세우게
만들었다. 이 속에서 우리는 여전히 놀라운 일들이 간직된 역
사를 발견하게 된다. 큰 키를 얻기 위한 노력들이 진지하게
이루어져왔음에도, 키에 대한 정상적 기준이 수립된 것은 평
범한 사람에게도 놀라운 일이 아닐 수 없다.

정상적인 키란 존재하는가?

'난쟁이'나 '거인' 같은 용어가 비교적 큰 의미를 담고 있다면, '작다' 또는 '크다'는 용어는 그 자체로 아무런 의미가 없다. '크다' '작다'는 말은 오직 어떤 기표, 준거, 정상적인 것을 통해서만 그 의미를 얻을 수 있다.

정상이라는 개념은 설명하거나 일반화하기가 어렵다. 일정 집단의 생물학적 조건에서 비롯되는 사회적 구성 때문이다. 키가 정상인 사람에 대해 말한다는 것은 먼저 지리적 · 역사적 · 윤리적 요소들을 포함해서 그 사람이 속한 사회의 평균과 조화를 이룬 개인을 인식한다는 것이다. 1미터 86의 스웨

덴 남자는 스톡홀름에서는 '정상'이지만, 로마에서는 너무 키가 큰 것으로 인식될 수 있다. 또 키가 1미터 60인 포르투갈 사람은 리스본에서는 사는 데 별 지장이 없겠지만, 오슬로에서는 '쥐방울만하다'거나 아니면 귀여운 사람으로 인식될 것이다.

그러나 한 집단의 준거는 정상성을 확인하는 꼬리표 같은 것이다. 출신 '사회'는 여전히 정상으로 환원될 수 있다. 알자스에 정착한 시칠리아 가족은 주변 이웃들에 비해 키가 작을 것이다. 하지만 시칠리아 사람들이 구성하는 소-사회는 이 특수성을 '정상'으로 보장하기에 충분하다. 한편 정상적인 보통 키를 가진 가족 속에서 혼자 키가 아주 작은 아이는 집안의 '꼬맹이'로 인식될 것이고, 가족의 염려와 함께 외따로 분류될 것이다.

정상은 이른바 모두가 공유해야 하는 것이므로, 기이한 특징은 이미 정상과 어느 정도 거리가 있다. 난쟁이는 아니었지만 아주 키가 작았던, 전직 해군 장교였던 피에르 로티[Pierre Loti, 프랑스 소설가]는 굽이 높은 신발을 신고 다녔다(그림 10). 독일 황제 빌헬름 2세[Wilhelm II, 1859~1941]는 자기 아버지, 할아버지와 나란히 설 경우 군중들 앞에 나서기를 꺼렸다. 빌헬름 2세의 아버지와 할아버지는 그를 굽어볼 정도로 22센티미터나 더 컸기 때문이다. 빌헬름 2세는 할아버지와 아버지를 동반할 때면 늘 말이나 차를 타고 나타났으며, 이런 모습은 구두장이가 황제의 뜻에 따라 스프링 처리가 된 코르크 재질에 안창이 달린 굽 높은 신발을 제작할 때까지 계속되었다.

그런데 앞의 예들에서 볼 수 있는 것처럼, 분명 심리적으로 위축되긴 하지만 아주 키가 작은 사람이 '난쟁이', 곧 비정상적이라는 말을 들으려면 몇 센티미터의 미묘한 한계를 새롭게 넘어서야 한다.

이전 시대를 살펴보면, 이러한 결정은 오늘날과 같은 측정치나 고려의 대상이 되지 못했다. 고대부터 중세까지 우리는 난쟁이를 비정상적이라고 얘기하지 않고 '괴물'이라고 표현했다. 자연적으로 정의된 이러한 명확한 개념은, 그럼에도 이런 기준을 만들어낸 사회 속에서 한자리를 차지하고 있었다. 난쟁이의 비정상은 이후 사회에서 무수한 의미를 갖게 된다. 그런 식으로 사회는 그에게 어떤 역할을 부여했다. 현대의 난쟁이들 또한 완곡하게 표현되고 있을 뿐, 그들이 사회 체계 내에서 분리되어 있다는 것은 분명하다. 비정상, 곧 정상의 바깥, 경계가 불분명한 외곽에서 과학이 구원의 손길을 내밀

그림 10 │ 피에르 로티의 삽화(『매혹의 인물 피에르 로티』, 크리스티앙 즈네, 1988)

그림 11 카이저 빌헬름 2세(J. 그랑-카르테레 그림, 《그 Lui》, 파리, 닐슨 도서관, 1905)

어주길 기다리면서 말이다.

기준치에 대해 생각해보건대, 고성을 방문할 기회가 있다면 우리 조상들이 사용했던 침실에 들어가보는 것도 괜찮은 방법이다. 우리 조상들의 침대 크기는 실제 키와 엄청난 차이가 있다. 우리 조상들은 우리보다 더 작았고, 그래서 영화를 찍을 때 중세의 갑옷을 배우들에게 입히려면, 일본인이나 중국인 단역들을 불러야만 한다.

하지만 중세 이전에는 어땠을까? 우리 조상인 골 족, 아틸라의 무리들, 고트 족, 서고트 족……. 민중의 상상력은 순전히 상상 속의 기준을 우선시하고 있는 것은 아닐까?

신화적 측정에서 과학적 정상화로

1718년 앙리옹Henrion이라는 금석학 아카데미 소속의 한 저명한 회원은 수학 법칙을 응용해 창세기부터 인간의 키가 어떻게 변화해왔는지 알아냈다고 주장했다. 이 연구에서는 아담이 약 40미터, 이브가 38미터였다는 결론이 나왔다. 아담과 이브의 실수부터 구세주의 도래까지 인간의 키는 끊임없이 줄어들었다. 노아는 33미터였고, 그런 식으로 헤라클레스 (3.33미터)와 줄리어스 시저(1.62미터)까지 이어졌다. 이 아카데미 회원의 말에 따르면, 다행히 예수의 탄생으로 이 하락의 추세가 멈추었고, 그때부터 인간은 점차 일정한 키를 유지했다.

이로 인해 19세기까지 어떤 선입견이 전세계적으로 팽배했다. 곧, 인간의 키가 세월이 흐를수록 줄어들었다는 것이다. 1726년 스위프트[Jonathan Swift, 1667~1745]도 같은 견해를 내놓았다. "유럽 도덕주의자들의 진부함은 … 인간이 얼마나 초라한 동물인지 … 그리고 지난 세기의 공통적인 쇠퇴의 흐름 속에서 얼마나 퇴화했는지 보여준다. 자연이 제공하는 존재들은 오직 과거와 비교해볼 때 그저 발육부진일 뿐이다."[*] 틀림없이 여기에는 황금시대의 신화가 영향을 미친 것으로 보인다. 고대의 시인들과 역사가들은 인간 종족이 호메로스 시대부터 퇴화하기 시작했다고 주장했다. 이것을 플리니우스[Plinius, 23~79, 로마의 학자]는 이렇게 옮긴다. " … 꾸준히 관찰해온 결과에 따르면, 인간 종족은 전 영역에서 점차 작아지고 있다. 아이들이

---

[*] J. 스위프트, 『걸리버 여행기』, 파리, 갈리마르, 1964, 3권.

자기 아버지보다 키가 더 큰 것은 드문 일이다. … 위대한 시인 호메로스는 이미 2,000년 전에 살아 있는 자들의 키가 끊임없이 줄어드는 것을 한탄했다."▪

정확히 어떻게 된 일이었을까? 고대인들은 평균치와 관련해 어떠한 의학적 관찰 기록도 남겨놓지 않았다. 정상을 거론할 자료가 없는 것이다. 아마도 자연과학자들과 철학자들은 생명체들의 형태가 비정상적 상태에 있을 때에만 관심을 가진 듯하다. 이집트인과 그리스인, 특히 헬레니즘 시대와 이후 라틴인들에게 괴물성은 사물의 이면에 존재하는 비밀과 그 의미를 간직한 불가해한 것으로 여겨졌다. '괴물' 은 '몽스트라르monstrare' 라는 어원에서 나왔으며, 의미는 '자랑할 만한', '자랑하는' 으로 해석될 수 있다. 이것은 이 말이 또 다른 것, 주변 세계, 비정상, 변경을 뜻함을 보여준다. 거대한 발을 가진 스키아포드sciapode나 머리가 없는 인간 블레미blemmy는 무엇보다도 '사람들이 사는 세상' 의 주변, 다시 말해 문명 지역 너머, 모든 것이 가능한 세계에 위치해 있다. 라틴 언어학자 페스투스Festus, ?~?, 2 또는 3세기에 활동한 라틴어 문법학자에 따르면, 괴물은 그가

▪ 플리니우스, 『박물지』, 3권.

드러내는 바로 그 차이를 통해서 정상을 보여준다. 그 기괴한 형태로써 괴물은 종족의 기준을 나타낸다.

난쟁이와 거인의 실존은 인간의 잠재적 상상력을 통해서 인증되었다. 호메로스는 오랜 세월 신화와 현실이 뒤섞인 신념들을 뿌리내리게 한 이야기들의 근원을 제공한다. 그 후로 헤로도토스, 아리스토텔레스, 아일리아누스Aelianus. 2세기 초 그리스의 군사 문제 저술가, 스트라보Strabo. BC 64~AD 23 후. 그리스의 지리학자, 플리니우스, 유베날리스 그리고 중세의 방랑자들까지, 이 괴물들의 존재에 대해 이의를 제기하든 그렇지 않든, 괴물성은 그들 이야깃거리의 새로운 주제로 다루어진다. 이 이야기들 중에서 가장 유명한 것은 피그미*에 관한 것으로 호메로스가 『일리아드』에서 언급하고 있다. 피그미들은 현재 에티오피아에 거주하는 소인 종족으로 키가 약 50센티미터 정도다. 전설에 따르면 피그미들은 자고새가 끄는 마차에 올라타 자신들의 곡식을 가져가려고 하는 학들과 치열한 전쟁을 벌이도록 운명지

* '피그미'는 그리스어 피그마이오스pygmaios에서 파생되었으며 '팔꿈치' 또는 '단단한 주먹'이란 의미이다. 0.347미터 크기이다. 피그미인들의 작은 키는, 현재 소마토메딘 또는 IG-F합성의 선천적 결함 때문인 것으로 알려져 있다.

그림 12 〈피그미 족과 파타고니아인〉, 1904년 세인트 루이스 박람회에 출품된 사진.

키의 신화

어졌는데, 타조알 껍질에서 살며 여자들은 세 살에 임신하고 열 살이 되기 전에 모두 죽는다. 아리스토텔레스는 이들의 실존을 아주 굳게 믿었다. "피그미 족은 결코 상상 속의 존재가 아니라 실존하는 인물들이다." 우리 시대의 유명한 피그미들은 인류학자들과 유전학자들의 새로운 관심의 대상이 되고 있다. 피그미들의 작은 키는 귀중한 유전적 비밀을 간직한 것처럼 보인다. 하지만 이들이 학과 싸우는 이유는 밝혀지지 않았다. 이들은 종종 신비로운 방식으로 이야기에 등장한다.

키가 작은 신화 속 인물들에는 키가 약 75센티미터 정도 되는 트리스피탐인들과 미르미돈이 있었다. 트리스피탐인들은 인도의 갠지스 강가에 살았고, 미르미돈은 아킬레우스를 따르는 뮈르멕스murmex, 그리스어로 '개미'를 뜻하는 테살리아(트라케)의 옛 민족이다. 이들은 어떻게 살았을까? 실제로 그렇게 작았을까? 아니면 전설에 나와 있는 것처럼 몹시 화가 난 제우스가 이들을 개미로 만들어버린 것일까?

고대인들은 이들의 존재에 색을 덧입혔다. 이후 시대의 방랑자들은 자신들이 읽은 책에 도취한 나머지 또 다른 꿈을 꾸며 과거의 사람들과 똑같은 태도를 보인다. 예를 들어 박물학자 코메르송P. Commerson은 마다가스카르에서 긴 팔을 가진 난쟁이 인간 퀴모스^{Quimos}들을 보았다고 주장했다. 하지만 신화화는 종종 신비화로 이어진다. 마르코 폴로는 자신이 살던 시대에 유럽에서 보았던, 이른바 난쟁이들에 관심을 가지면서 이렇게 적고 있다. "이 섬(수마트라)에는 아주 작은 원숭이 종족이 사는데, 얼굴은 흡사 사람의 형상을 하고 있다. 사람들은 이들을 데려와서 턱수염과 가슴 부위만 빼고 전부 가죽을 벗겨 말린 다음 장뇌유 등과 함께 준비한다. 사람들은 그들을 소인으로 취급한다."

난쟁이들이 탐험가들과 지리학자들의 상상력을 자극한 유일한 존재는 아니다. 파타고니아 고원을 건넌 마젤란은 거기에서 거인들을 보고 당시 16세기에 꽤 명망이 있었던 역사가 루이 기용$^{Louis\ Guyon}$과 견해를 같이한다. 루이 기용은 이렇게 주장한다. "난쟁이들, 다르게 표현해서 피그미들은 특별히 거주하는 공간이 따로 없다. 하지만 키가 어마어마하게 큰 사람들이 사는 지역, 이른바 대인국이라 불리는 곳은 분명히 있다." 오늘날 알고 있듯이, 이 또한 그의 상상력의 소산이다.

이와 상반되는 모든 단언들, 증언들은 박물학자들 사이에 논란을 부추기고 거기에 불을 붙였다.

과학은 점차 상상력의 영역을 침범한다. 이 논쟁은 한 번의

큰 대립이 있은 이후 18세기에 정체되었다가 19세기에 합의
에 이른다. 난쟁이와 거인은 결코 종족을 의미하는 것이 아니
라 우연한 방식으로 각 인구에서 나오는 몇몇의 개인을 의미
하는 것으로 말이다.

아리스토텔레스 : 작품에 담긴 통계적 개념

— 정상은 개별 사례들의 일반성에서 도출된다

이미 보았다시피, 고대인들은 비정상적인 것에 각별한 흥미
를 느꼈다. 그렇지만 정상의 개념은 오늘날 우리가 이해하는
의미, 곧 관찰을 통한 통계로 존재한다. 아리스토텔레스는 정
상을 이런 식으로 정의한다. "정상은 개별 사례들의 일반성에
서 도출된다." 자연주의 철학자들에 따르면, 정상은 항상 유
전적으로 전이된다. 이것은 앙브루아즈 파레Ambroise Paré가 술회
하듯이, '동형의 형태적 재생산'을 통해 획득된다. 일반성의
원칙에 부합하는 이미지에서 멀어질수록 불완전한 형태는 더
커진다. 아리스토텔레스의 말에 따르면, 결핍된 남성인 여성
은 무질서를 향해 한 걸음 더 나아간 존재이다. 그리고 일반

성에서 가장 먼 곳에 있는 것이 괴물이다. "괴물들은 자연의 흐름에 위배된 듯이 보이는 존재들이다."

점차 고전주의의 규제는 더 풍부해지고 복잡해진다. 18세기부터 자리잡기 시작한 진화론은 총체적으로 봤을 때 동물적 자연이라는 고정된 개념화와는 다르다. 따라서 유전에 대한 가설들, 유명한 '동형의 형태적 재생산'이라는 개념은 결과적으로 완화된다. 18세기에 뷔퐁^{Buffon. 1707~1788. 프랑스의 박물학자}과 린네^{Carl von Linne. 1707~1778. 스웨덴의 식물학자}는 '자연'의 영역을 분리하면서 비정상성을 흡수하고자 한다. 더 이상 괴물성은 그 자체의 모습으로 과학자들의 흥미를 끌지 못하므로 해체된다. 19세기에 괴물성이 순화원馴化園의 '과학적' 연구 대상이었다면, 거인과 난쟁이는 라루스 백과사전의 정의 대상이었다. 그러나 여기에는 괴물성이 빠져 있다. "거인 : 키가 보통 사람들보다 훨씬 더 큰 사람을 일컫는다." "난쟁이 : 키가 매우 작고, 인간의 일반적인 몸의 비율과 배치되는 모든 존재들을 일컫는다."

우리가 이들에 대해 가지는 병적인 관심이 '정상'에 대한 연구와 그 수치화 작업을 통해 약화되기까지는 얼마간 더 기다려야만 한다. 하지만 정상은 예외적인 부분들을 통해서 더욱 그 한계가 정해지는 법이다. 문제는 적용 영역, 정상성의 적용 범위다. 정상성의 영역은 최다수의 개인들에게서 관찰된 평균, 일정한 측정치에 포함되는 평균을 보여주는 표를 통해 정해진다. 통계적이고 정확하며 괴물성에서 정화되고 분리된, 그래서 이른바 자기 규제를 하는 것이 과학적 정상이 지향하는 것이다. 그러나 어떤 측면에서 과학은 과거보다 더욱 엄격해진 듯하다. 사회적 진보에도 불구하고, 과학은 비정상성에 대한 일체의 의미를 도외시하면서 기괴한 모양으로 남아 있는 것들을 아무 말 없이 사회에서 배제시킨다.

과학의 시대 : 수치와 통계로 수립된 '정상'의 개념

어른 키의 정상치와 아이의 성장 방식에 대한 과학적 연구는 최근의 경향이다. 키의 성장에 대한 관심이 좀더 일상적인 형태로 최초로 나타난 것은 정확히 1759년 4월 11일이다. 이날, 당시 뷔퐁의 『박물지Histoire naturelle』 편찬에 참가했던 학자 필리베르 게노드 몽베야르의 아들이 태어났다. 과학에 대한 관심 때문에 이 호기심 많은 아버지는 신생아의 키와 몸무게를

쟀다. 그리고 18년 동안 주기적으로 같은 일을 반복했다. 이렇게 모은 자료들에서 몽베야르는 탄생부터 성숙기까지 아이의 성장 리듬을 도출해낼 수 있었고, 이 지식을 뷔퐁은 『박물지』의 부록에 첨가하기로 결심했다.* 그래서 젊은 몽베야르의 성장 곡선이 역사의 장에 들어오게 된 것이다.

1835년에는 벨기에 아이들의 성장과 관련한 좀더 조직적인 연구가 케틀레^{Quetelet}에 의해 이루어진다. 그러나 대규모로 실현된 키 성장에 관한 진정한 과학적 연구는 미국에서 1888년부터 인류학자인 프란츠 보아스^{Franz Boas. 1858~1942}에 의해 이루어졌다. 정상이 전문적인 연구 대상이 된 것은 그때부터다.

오늘날 대부분의 산업 국가에서는 성별에 따른 청소년들의 정상 성장 수치들이 자료로 쓰인다. 프랑스에서는 1953년부터 1955년까지 파리 남부와 근교 외곽지에서 태어난 아이들의 성장 과정을 조사한 상페^{M. Sempé}와 로이^{P. Roy} 그리고 페드롱^{G. Pedron}의 특수 정상 연구 자료가 있다(그림 13). 이 연구 결과에 따르면, 18세의 평균 키는 남자아이들의 경우 172센티미터이고 여자아이들은 160센티미터이다.** 이 '정상의' 가치

* J. 태너. G. 테일러. 『성장』, 라이프 타임. 1966. 47쪽.
** M. 상페. P. 상페. G. 페드롱. 『성장과 뼈의 발육』, 파리, 테라플릭스, 1971.

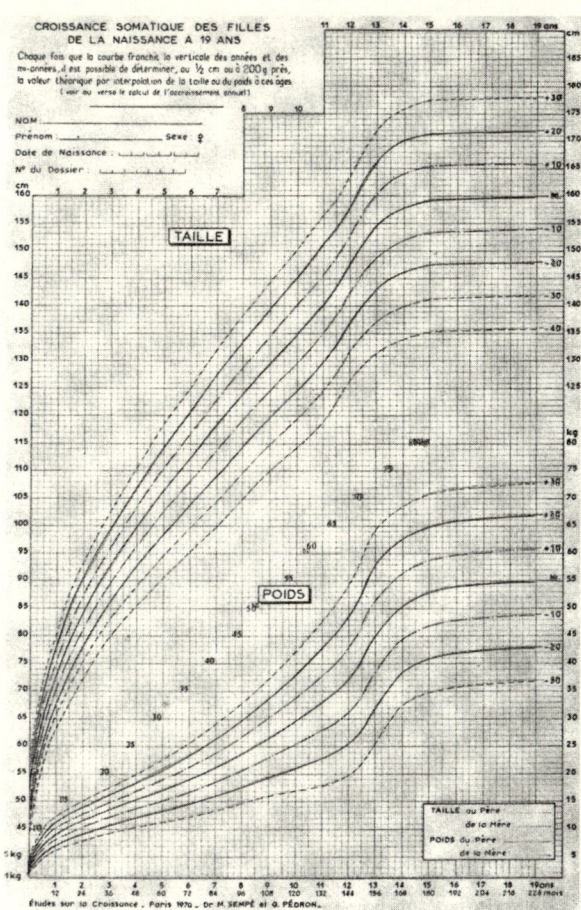

그림 13 | 여자아이들의 성장 곡선

과학적 정상 : 측정의 도구

값들은 실제로 지금 세대의 평균 신장보다 몇 센티미터 작다.

'정상성'의 영역은 각 성별에서 평균의 최고치와 최저치를 기준으로 본다면, 남자아이들은 1.61미터에서 1.84미터이고 여자아이들은 1.48미터에서 1.72미터이다. 사실, 이 수치들은 실제적으로 정상성의 영역을 정의할 수 없으며 '가장 빈번한 가치값'을 나타낼 뿐이다. 피에르 로예도 이 점을 지적했다. "… 남녀 성별에서 나타나는 두 편차 아래에서는, 대부분의 아이들이 정상이고 소수만이 비정상으로 나타난다. 두 편차 이상에서 보면 대부분의 아이들이 비정상으로 나타나고 몇몇 아이들만이 정상으로 분류된다."[*]

그래서 두 편차가 −2에서 −4 사이로 나타날 경우에는[**] 키가 작다고 말하지만, −4 이하로 내려가는 경우는 '난쟁이'로 분류된다. 마찬가지로, 키가 +2에서 +4 사이에 포함되는 경

---

[*] P. 로예, 『인간 성장에 관한 생물학 강의』, 파리, 페야르, 1975, 358쪽.

[**] 편차는 공식($\delta = \sqrt{\frac{\Sigma(x-\bar{x})^2}{n}}$)에 따라 계산한다. 여기서 n은 조사 대상자의 수를 나타내고, x는 조사 대상에서 모수의 평균을, $\bar{x}$는 각 개인의 모수의 가치값을 말한다. ($x - \bar{x}$)는 '개인 x에 대한 평균 편차'로 불린다. 빈번한 가치값의 영역은 편차 2가 줄어든 평균과 편차 2가 올라간 평균 사이에 포함된 간격을 통해서 결정된다($M +/- \delta$).

우는 키가 지나치게 큰 편이고, +4 이상으로 넘어가면 '거인'
으로 분류된다. 이런 정의들은 평균치와 매우 밀접한 관련이
있다. 이것은 조사된 대상 민족과 사회적 배경, 시기에 따라
달라질 수 있다.

점점 커지는 키

이미 살펴본 바와 같이, 이른바 '과학'의 시대까지 인간의 키
가 규칙적으로 줄어들었다고 생각하는 것이 일반적 흐름이었
다. 과학은 평균키의 증가 추세를 증명하지 못했고, 그런 만
큼 인간의 상상력은 매혹적인 신화의 개념에서 더 큰 만족을
얻었다. 만일 당신의 할아버지가 당신보다 더 키가 크고 할아
버지의 할아버지가 그보다 더 키가 크다면, 키에 대한 근원적
상상력은 굳건한 위엄을 얻는다 할 수 있다. 자연과학자인 조
프루아 생틸레르I. Geoffroy Saint Hilaire, 1805~1861, 프랑스 동물학자는 이것을
증명하고 있다. 생틸레르에 따르면, 19세기의 문명화된 인간
의 키는 고대의 문명화된 인간의 키와 별 차이가 없다. 또 그
가 살던 시대의 문명인과 원주민 또한 거의 키 차이가 없다.

사실 선사시대 인간은 평균 키가 1미터 66으로, 1836년 군에 입대하기로 예정된 프랑스 젊은이들의 평균 키인 1미터 64와 거의 비슷한 것으로 나타난다.

오늘날 사람들은 차라리 성장의 가속화와 키의 규칙적인 증가 추세를 믿을지 모른다. 어떤 면에서 이런 견해도 타당하다. 노르웨이 정부는 지난 200년 동안 자국의 모든 젊은이들의 키를 측정한 자료를 보관하고 있다. 조사 대상이 된 처음 90년 동안은 주목할 만한 증가세가 보이지 않는다. 그런데 1830년부터 평균 키가 증가하는 추세가 나타나며, 이 경향은 꾸준히 증가한다. 1875년 노르웨이 군인의 키는 50년 전보다 평균 1.25센티미터 더 커졌으며, 1935년에 이 차이는 거의 4센티미터에 이른다.

거의 대부분의 나라에서 이런 경향이 나타나며 같은 현상이 관찰되고 있다. 그런 맥락에서, 1880년과 1950년 사이에 미국 어린이들과 서구 유럽 어린이들은 지난 세대에 비해 1.25센티미터씩 더 커졌고, 이것은 전체 시기에서 봤을 때 거의 10센티미터가 커졌다는 뜻이다. 이런 현상이 다른 민족들에도 같은 방식으로 드러나는지는 확실하지 않다. 단, 일본의 경우는 예외다. 일본에서는 20년 동안 사람들의 평균 키가 1

미터 51에서 1미터 57로 늘어났기 때문이다.

때이른 성장

한편, 오늘날 사람들의 키는 더 빠르게 그 최고치에 이르고 있다. 다시 말해 아이들이 더 빨리 키가 큰다는 얘기다. 이것은 아이들의 성장이 더 일찍 멈춘다는 것을 뜻한다. 세기초의 인간은 평균적으로 스물여섯 살에 자신의 최고 키에 이르렀다. 이후부터 결정적으로 성장이 멈추는 나이는 평균 18세로 낮아졌다. 이 분야의 통계치가 존재하는 거의 모든 나라에서 여자아이들의 성적인 성숙기는 그들 어머니에 비해 약 10개월 더 빨리 나타나며, 이것은 각 세대에 똑같이 적용된다. 눈여겨볼 사항은, 아이들이 공식적인 성인 나이까지 계속 크는 것이 아니라 신체 조직의 일정한 성숙기에 이르러 성장이 멈춘다는 것이다. 여기에서 성숙기란, X선 촬영기로 보았을 때 개개인의 골조가 형성되는 나이로 실제 가늠되는 때를 말한다. 사춘기가 일찍 시작될수록 성장 연골의 칼슘 화합이 가속되고 골조 형성이 두드러지면서 성장이 더 빨리 멈추게 된다.

그런데 최근 몇 년 동안 키의 성장은 뚜렷한 완화 추세를 보이고 있다. 적어도 몇몇 나라에서는 평균키가 더 이상 넘지 못하는 한계치에 다다른 듯 보인다. 이것은 인류의 유전적 잠재성이 완전한 실현에 이를 수도 있음을 생각해보게 한다.

평균의 가변성

실제로 성장에 대해서는, '한 세기의 가속화' 보다는 '한 세기의 가변성' 을 말하는 것이 더 정확할 것이다. 이 가변성은 환경에 대한 유전적 잠재성의 지속적인 적응을 나타내는 인류 진화의 일반적 현상을 뜻한다.

수세대를 거쳐오면서 키의 가변화에 영향을 미친 요소들 가운데 가장 근본적인 것은 영양이다. 일반적으로 키의 성장 현상은 인구의 건강과 복지에 대한 좋은 지표가 된다.[*] 예를 들어, 미국에서 25세에서 29세 사이의 남자가 현재 55세인 남자보다 평균 3센티미터가 더 크다면, 도미니카 공화국에서

[*] M. 피에르송, J. -P. 데샹, B. 르웨프, 《프랑스 소아과 문서》, 1987, 44, 327~ 330쪽.

는 같은 연령대의 두 집단 사이에 별 차이가 없다. 사실 도미니카 같은 나라에서의 인구 증가는 국민총생산의 정체 또는 감소를 뜻하고, 이것은 곧바로 개인이 섭취하는 칼로리와 단백질의 감소로 이어지기 때문이다.

반면 일본에서 관찰된 키의 증가 현상은, 1900년부터 매년 초등학생들을 측정한 기록을 봤을 때, 전통적 식습관의 변화에 그 원인을 돌릴 수 있다. 사실 쌀과 생선을 기본으로 하는 일본의 음식은 지난 세대에 영양 결핍 현상을 가져왔다. 경제 성장으로 제대로 된 식이 정보를 접하게 됨으로써 매우 빠르게 키가 성장하게 된 것이다. 게다가 미국에서 성장하고 그 나라 생활 방식을 익힌 일본인은 본국의 일본인들보다 평균 키가 더 큰 것으로 나타난다.

미셸 피에르송이 지적했듯이, 키의 가변성은 인종적 요인보다는 '유전적으로 긴밀히 관련된 집단에 작용하는 환경적 영향'에 더 큰 원인이 있다. 유전학적 측면에서 보면, 인종 집단에서 보이는 성장의 가변성은 더욱 강력해진 혈족 관계로 인해 집중화된 유전형질에 좌우된다. 1860년 탐험가 폴 뒤 셀뤼Paul du Chaillu는 이렇게 지적한다. "오봉고들은(피그미 족) 자기 종족을 최대한 보존하기 위해 형제 자매끼리 결혼한다.

이들의 적은 수, 이 왜소한 존재들이 공식적으로 혈족 결혼을 할 수밖에 없는 소외 상태, 그리고 운명적 강요가 바로 신체적 퇴화의 원인으로 이어진다."▪

생태학적 측면에서, 가변성은 또한 종종 새롭게 나타나서 수세대에 걸쳐 지속되는 다양한 요소들과 매우 긴밀하게 연결되어 있다. 삶과 문화의 방식들, 선대의 풍습, 식습관, 지리적 위치와 날씨, 전염성 또는 독성의 병리적 요소 등등.

수학적 도구를 이용하더라도, 정상을 결정하는 한계는 유연하고 흐릿할 뿐이다. 그렇다면 일종의 개인적 가치를 기준으로 삼아, 장차 키를 변화시킬 치료를 결정해야 할까? 하지만 이미 살펴보았듯이, 큰 키는 인간의 잠재적 권력을 나타낸다. 인간은 가공물들을 통해 권력을 숭배하는 경향이 있다. 그렇다면 과연 인간을 하나의 신체적 평균에 의존하도록 하는 것이 바람직할까? 인류에 속하는 존재들을 일정한 수치에, 곧 자신의 외양에 한정시켜 판단해야만 할까?

▪ E. 가르니에, 『난쟁이와 거인』, 같은 곳, 160쪽.

제
2
장

비
정
상
성
과

퇴
행

사
이

4 철학적 정상 : 가치의 도구

정상 : 불문법 |

인류학을 형성하는 엄격한 과학의 측면에서 '정상'이 측정 가능한 평균이라 할 때, 이른바 '인문학'에서 '정상'은 하나의 가치이다.

인간이 된다는 것은 이런저런 수치 사이에 한계지어진 자신의 크기를 확인하는 일이지만, 또한 언어가 '크기'라는 단어로 명명하는 내면적 공간을 통해서 자기 삶이 측정되는 것을 보는 것이기도 하다. 키플링이 시를 통해 아이들에게 '인간이 되기 위한 32가지 조건'를 말했을 때, 그가 묘사하는 것이 바로 측정치이다. 정상은 이제 물리적 영역에서 도덕적 영역으로 넘어간다. 여기서는 적절한 근거에 따라 정상에 속하는지 아닌지가 판단된다. 정상은 그 말 자체로 뚜렷한 명령 형태를 취하는, 각 개인의 마음속에 뿌리깊이 박힌 '불문법'의 일부가 된다.

물리적 정상이 평균치의 양적인 결과를 통해 이해된다면, 심리적 정상은 정상이라는 모범의 질적인 개념과 연관된다. 과학에서 인간 본성에 대한 정의가 끊임없이 이루어지는 이유가, 그 자체의 의도와는 상관없이 여기에 있다. 만일 물리적 정상이 수치를 담보로 한다면, 정신의 정상은 이미지를 통해서 드러난다. 월등한 인간이라는 주제는 가치의 기준이 될 것이다. 이 표본들을 통해서 마음의 정상은 간접적이면서도 은유적인 방식으로 물리적 정상과도 연관 관계를 가진다. 그러나 월등한 인간에 대한 이미지는 시대나 사회에 따라 다르지만 영웅이라는 공통분모를 가지고 있으므로 추적할 수 없는 것은 아니다.

인간의 공통분모 : 영웅 |

과학적 정상이 최다수의 관찰을 통해 얻어진 통계적 평균이라면, 철학적 의미에서 정상은 최다수의 욕망이 투영된 절대적 정신의 지점이다. 영웅은 그렇게 되어지기를 바라는 인간을 재현한다. 영웅 소설 또는 오늘날 제라르 드 파르디유나 로버트 레드포드가 분하는 사랑 영화나 모험 영화의 주인공에서부터 율리시스, 에네, 롤랑, 로드리그에 이르기까지 영웅적 환상은 영원하고 보편적이며 근본적이다. 또 자아에 대한 빛나는 실현을 구현한다. 이를테면 반영웅조차, 근대주의자들이 받아들이는 평범한 인간들도 이 투영에서 벗어나지 않는다. 설사 이 이미지가 이상적이고 질적인 정의에 위배된다 하더라도, 재현의 역할은 없어지지 않는다. 우리는 이 이미지에서 빠져나갈 수 없다. 현실이나 꿈에서 얼마나 멀리 떨어져 있든, 찬양되든 아니면 평범하게 그려지든, 영웅은 인간에 대한 정의를 표현한다. 영웅은 모범적 기준이 된다.

모범의 가변성

이 이미지-모범, 정신의 정상은 무엇보다 인간 정신의 근본적인 경향을 보여준다. 그러나 또한 우리가 매시대마다 만들어내는 인간의 개념을 충실히 반영하므로 사회의 역사적 가변성 아래 놓여 있다. 이미지-모범은 시대에 따라 이상적 인간의 유형을 제시한다. 고대의 영웅은 무엇보다도 전투에서 빛나는 전과를 세워서 신성시된 전사들이었다. 고대의 영웅들은 엄청난 힘을 지닌 자들로, 보통 반*신이다. 그 원형들도 그리스의 헤라클레스, 켈트 족의 쿠 출레인(쿨란의 개), 게르만 족의 베오울프 등 모두 용맹한 전사들이었다. 그 뒤를 잇는 율리시스, 에네, 다윗, 지그프리트는 좀더 추상적인 힘을 부여받은, 용기와 지성과 개성을 지닌 인물들이다. 기독교 중세시대에는 중세 기사들의 면모가 나타난다. 롤랑, 올리비에, 기욤 도랑주^{Gillaume d'Orange. 12. 13세기경에 씌어진 프랑스 무훈시의 주인공} 등 언제나 전사였던 이들은 그 위대한 정신, 고양된 덕성, 동정심을 통해 주목받고자 한다. 17세기부터는 여기에 사랑의 코드가 덧붙여지고 이들은 마음의 고행길에 들어선다. 이뱅, 고뱅, 랑슬로, 페르스발 등의 주인공들은 궁정 기사가 된다. 뒤이어 오늘날 잊혀진 이름들을 보면, 아마디 드 골, 롤랑, 격노하는 아리오스트, 사랑의 보이아르도, 그리고 위대한 세기의 로드리고 디아즈 드 비바르, 르 시드가 있다.

세월이 흐르면서 전통적 영웅에 대한 영감은 미약해진다. 사상의 전쟁이 창의 바통을 이어받는다. 17세기의 '신사' 가 영웅이라면, 18세기에는 '철학자' 가 영웅이 된다. 18세기 말엽 신체적 크기에서 뚜렷이 드러나는 사실이 있다면, 문화의 경향이 북유럽으로 이동하는 혼돈 속에서 라틴 유형이 앵글로색슨 유형에 자리를 내주었다는 것이다. 지난 세기의 낭만적 숨결이 불어올 때 영웅은 그 선행자들보다 덜 정력적이지만 우수에 젖어 있고 예지력이 뛰어나며 자연을 사랑한다. 이들은 이른바 '심정의 영웅들' 로서 시인이며, 빅토르 위고의 표현에 따르면 '점성가' 이다. 루소의 생 프뢰『신 엘로이즈』의 주인공, 괴테의 베르테르, 바이런George G. Byron의 차일드 해럴드, 샤토브리앙Chateaubriand의 르네, 비니Alfred Victor. comte do Vigny의 채터턴 등이 그들이다. 그리고 사회가 복잡해지면서 다양한 영웅이 나타남으로써 영웅을 어떤 한 가지 유형으로 판단하기 힘들어졌다. 라스티냑발자크의 『인간희극』의 주인공과 같은 기회주의자, 벨 아미Bel-Ami. 모파상의 소설 주인공의 별명, 잘생긴 오빠라는 뜻와 같은 댄디들, 말로와 같은 모험가나 혁명주의자들은 영화를 통해 새롭게 재현된다. 또한 우리 시대에는 스포츠 스타, 정치가, 기자, 생물학자가 영웅이 아니던가?

그러나 이런저런 변화가 있다 하더라도 영웅은 사회의 이상적이고 상징적인 모습을 띤다. 인간이 세계 속에서 선택하는 역할, 스스로를 인식하는 자리, 온전한 체제로서 완성되는 인간적 영역을 재현한다.

크기의 모범

크기를 표현하는 방법은 가지가지다.

하지만 신화 시대 이래로 어떤 문학 작품 속에서도 영웅의 키는 정확히 언급되지 않는다. 율리시스와 르 시드의 키가 얼마였는지 알려고 하는 것은 무의미한 일이다. 사람들은 그들이 키가 컸다고 상상할 뿐이다. 왜냐하면 그들은 잘생기고 힘세고, 엄청난 치적으로 인해 동료들 가운데서도 우위를 차지하는 인물들이기 때문이다. 이들은 키다 크다. 다시 말하면, 모든 사람들의 찬양을 받는 탁월한 능력의 소유자들이라는 면에서 볼 때 '거대하다'.

그러나 영웅들의 키가 지나치게 큰 것은 아니다. 만일 그랬다면 인간이 아니라 괴물이 되었을 것이다. 만일 그랬다면,

다윗이 아닌 골리앗이 되었을 것이고, 율리시스가 아닌 폴리페모스가 되었을 것이며, 트리스탄이 아닌 모홀트가 되었을 것이다.

바로 여기에 영웅 이야기의 영원한 주제가 존재한다. 어쨌든 영웅은 그가 무찌르고자 하는 적보다는 더 작다(적은 언제나 수적으로나 덩치상으로 영웅보다 우위에 있다). 그럼에도 영웅은 적을 무찌르고자 한다. 그렇다면 힘은 그 작은 키에서 나올 수도 있지 않을까? 아니 더 정확히 말해서, 이 힘의 성격이 분명히 두드러지도록 영웅을 맞닥뜨릴 적수보다 더 작게 만든 것은 아닐까? 이것은 '더 작지만 더 강하다'는 이율배반적인 인간의 특성을 담고 있는 듯하다.

영웅이 인간을 위해 정복해야만 하는 공간은 결국 키가 쟁점이 되는 유형적 범주로 넘어간다. 영웅은 늘 위험하고 불평등한 싸움에서 어떤 거대한 힘에 맞서기 위해 자신의 생명을 건다. 그 싸움에서 영웅은 자신에게만 고유한 특질들 덕분에 승리를 얻고 자신과 더불어 다른 이들을 구제한다.

영웅은 심오한 은유의 놀이를 통해 자기 성취에 필수적인 이런 대결에서 크기가 담고 있는 의미를 발견하고, 거기서 자신의 본질을 이해하게 된다. 자기 자신을 안다는 것은 곧 자신의 한계를 인식한다는 것이며, 이것은 오늘날 문제시되는 중요한 한계를 나타낸다.

그런데 이 한계는 오직 크기로 결정된 가상적 존재들, 신화와 문학 속의 거인들과 난쟁이들을 통해 구현된다.

측정의 세 가지 유형

특히 키의 과도함이나 결핍을 재현함으로써, 가상의 이야기는 크기에 대한 다채로운 그림을 완성시킨다. 가상의 이야기는 모범이 되는 존재 바로 옆에 자연주의자들이 괴물이라 부르는 존재들을 놓아두고 그들에게 추방된 가치들, 곧 금기를 재현하는 역할을 맡긴다.

앞서 말했듯이, 가상은 '그것 없이 말해질 수 없는 것을 말하는' 것이다. 곧 자연법이 금하는 형태들 속에서, 생물학의 수수께끼 속에서 상상력은 어떤 의미를 구현한다. 바로 피해야만 하는 것이다. 이렇듯 상상력은 기호나 상징의 역할을 통해 과학의 세기 이전의 자연주의자들에게 사물의 이면에 대한 인식을 제공해주었다.

오늘날, 정신분석학자는 이것을 통해 인간의 진정한 은신처를 발견한다. 인간의 무의식은 충동의 어두운 영역 속에서 완전하면서도 조작적인 방식으로, 개념적으로는 이해될 수 없으며 이미지 속에서만 자신을 드러내는 불안의 구체적 재현이 될 이상한 형태들을 만들어낸다. 이런 측면에서 고대인들은 부분적으로 미혹에 빠져 있었다. 괴물은 인간의 이면을 나타내는 기호, 곧 의식의 기호인 것이다.

신화와 중세 문학, 현대의 환상 문학에는 괴물들이 그득하다. 영웅들의 어떠한 궤적도, 결코 유아적이라고 할 수 없을 수많은 두려움을 양산하는 이 비정형적인 형태들과의 만남을 피할 수 없다. 내면의 영웅적 모험 속에서 용과 일각수, 켄타우로스(반인반마), 거인 또는 난쟁이는 인간을 꾀어내어 자신들이 재현하는 위험 앞에 맞서게 한다. 위협적인 비늘과 불타오르는 혀, 놀라운 몸의 형태를 통해 이 존재들은 매번, 자아를 정복하기 위해 인간이 극복해야만 하는 역동적인 단계를 형상화한다.

괴물은 곧 퇴마사(마귀 쫓는 사람)의 이중적 존재이다. 괴물은 단지 어떤 형태에 두려움과 욕망의 콤플렉스를 제공하고, 이 기이한 형태는 거기에서 구현된 이미지와 의미의 유사성을 통해서 실제로 만들어진 특별한 메시지를 담게 된다. 이렇게 해서, 클로드 카플러$^{Claude\ Kapler}$가 말하듯이 "전이가 완성된다. 이미지로 구현된 괴물은 내면의 괴물을 흡수한다". ▪

거인과 난쟁이의 특별한 위치 |

식인귀는 흉측한 이빨과 진홍빛 거대한 입을 통해 잡아먹히는 두려움을 표현한다. 말이 가진 고유한 의미와 은유적 의미를 조작하며 거인과 난쟁이는 비율의 세계로 들어간다.

하지만 그들의 상징적 담지를 해석하기 전에 마지막으로 확인할 것이 있다. 괴물이라는 정신적 세계 속에서 거인과 난쟁이는 나머지 괴물들과 분리된 영역을 차지한다. 물리적 현실 속에서도 상황은 마찬가지이다. 초상이나 조각, 이야기 속에 나타나는 횟수를 보면, 16세기까지 분명히 '괴물'로 여겨졌던 이 가상의 인물들이 괴물들의 생물학적 동족은 아닐 것이라는 생각이 든다. 현실의 괴물을 예술로 전환하는 문제는

▪ C. 카플러, 『괴물, 귀신과 불가사의』, 파리, 페이요, 1980.

수많은 철학자와 생물학자들의 호기심을 끌었다. 질베르 라
스코Gilbert Lascault는 자신의 저작 『서구 예술 속의 괴물Le Monstre dans
l'art occidental』에서 이 주제에 대해 생물철학자 조르주 캉길렘Georges
Canguilhem이 한 논의를 환기시킨다. "삶의 사소한 실수들은 인
간의 환상을 모방하도록 부추기는 것은 아닐까? 그리하여 결
국 환상 속에 준비되었던 것들을 삶으로 되돌려주는 것은 아
닐까? 그러나 애초에 환상 속에 있던 것과 현실에 복구된 것
사이에는 차이가 있어서, 지나치게 도덕적인 이성주의자의
설명을 적용하기에는 부적절해 보일 수 있다. 삶에서는 괴물
들이 빈약하다. 반면 환상적인 것은 하나의 세계를 이룬다."
변환에 대한 설명을 있는 그대로 받아들이는 것은, 롤랑 바르
트Roland Barthes의 표현처럼, 예술적 작업을 '영'으로 만드는 일,
다시 말해 의미 작용에 바탕을 둔 성격을 인식하지 못하는 것
일 수 있다.

그렇지만 질베르 라스코는 이렇게 덧붙인다. "생물학의 괴
물과 예술의 괴물 사이의 관계는 단절될 수 없다. 생물학적
괴물이 예술의 괴물 속에서 그들의 형태적 원인을 찾지 못한
다 하더라도 어떤 연속성은 성립된다. 왜냐하면 우리가 예술
속의 괴물들에게 느끼는 감정과 삶의 결함자들 앞에서 느끼

는 불안이 어느 정도 연관이 있기 때문이다."*

이 관계라는 것은 이 두 요소를 엮고, 가상의 작품들을 통해 이 요소들을 표현하는 상징적 상상력에 다름아니다.

가상은 모범적 진실을 담는다 |

겉보기에 객관적 사실과 반대되는 가상은 환상, 상상력에서 나온 듯하다. 이미 몽테뉴에게 의구심의 대상이 되었으며, 파스칼의 '오류의 안주인'과 말브랑슈^{Nicolas Malebranche. 1638~1715. 프랑스의 신학자}의 '오두막의 광녀'에서 다루어졌던 상상력은 점차 더욱 데카르트식 방법론을 지향했던 서구 사상에서 커다란 가치 하락을 경험한다.

그런데 1960년대 초반, 무의식의 탐구나 언어, 신화학, 민속학에 대한 연구가 활발해지면서 가상의 작품들이 지닌 심층적 진실과 진정성이 발견되기 시작했으며, 상징성에 대한 연구들이 활발하게 진행되었다. 이 연구들은 부분적으로 융^{C.}

---

* G. 라스코, 『서구 예술 속의 괴물』, 파리, 클린크시크, 1973, 206쪽.

G. Jung의 연구에 대한 가스통 바슐라르Gaston Bachelard의 초기 영감에서 도움을 얻는다. 특히 질베르 뒤랑Gilbert Durand과 상상력을 탐구하는 연구팀들이 개인적 또는 집단 연구를 통해 각 대학에서 연구를 발전시켰다. 그러면서 곳곳에 연구소가 설립되었고, 그중 가장 활발한 보르도 제3대학의 연구소는 앙투안 페브르Antoine Faivre, 클로드-질베르 뒤부아Claude-Gilbert Dubois 그리고 파트리스 캉브론Patrice Cambrone에 의해 창설되었다. 외국에도 여러 곳에 연구소가 있으며, 리스본 대학 연구소는 이베트 센테노Yvette Centeno가 설립하여 이끌고 있다.

상상력은 이렇게 점차 공신력 있는 언어를 획득했다. 보들레르에게는 '기능의 여왕', 앙드레 브르통에게는 '지고의 정의'라는 찬사를 들은 상상력은, 오늘날 '인간의 모든 행동과 진실에 대한 가장 큰 이유'로 평가받는다. 또한 인간의 진화와 관련된 현재의 물음들 속에서, 우리는 질베르 뒤랑의 뒤를 이어 "상상력 탐구는 이 세기말 동안 인류학 분야의 주요한 임무가 되어야만 한다"고 믿는다. 1969년 《키르케Circé》에서 뒤랑은 이렇게 환기시킨다. "제임스Henry James. 1843~1916. 미국의 소설가는 무의식이 20세기의 가장 위대한 발견이라고 말했다. 그러므로 21세기의 가장 커다란 임무는 무의식의 내용인 이미지라고 할 수 있다."

그런데 문학은 질베르 뒤랑이 탐구하려고 하는 '상상력의 구조'를 있는 그대로 제공한다. 신화, 우화, 영웅적이고 로마네스크한 순환을 통해서 과거 시절의 상상력은 인간의 뇌 깊숙한 곳에서 나오는 이미지들로 충만한 문학을 만들어낸다. 이 이미지들은 끊임없이 이어지는 가상의, 인간의 내면에 감추어진 진실의 형상을 밝히는 방식으로 조직되어 있다. 그런데 이 상징적 이미지에 대한 보고들 속에는 난쟁이와 거인들이 우글거린다. 인간은 자신에 대한 이야기를 만들어내면서부터 자신을 난쟁이와 거인에 비유하기 시작했다. 그렇다면 이 비정상적 존재들은 무엇을 의미할까? 이 상상 속의 거인과 난쟁이 들은 누구일까? 이들은 우리에게 어떤 메시지를 보내고 있는 것일까?

거대함은 원천을 재현하는 방식이다 |

"나는 원천에서 태어난

　거인들을 기억한다······.

　불타는 물길이 성에를 만나 녹아 흘러내렸다. 그리고 차가

워진 이 물방울들에서 생명이 솟아올랐다. ··· 이것은 인간의

형상이 되었고, 그를 '이미르'라고 불렀다."

　『에다Edda』13세기에 편찬된 고대 아이슬란드 문학 작품집에 실려 있는 고대 게

르만의 신화시 「길파기닝Gylfaginning」*에서 여자 예언자 뷜루스

파는 이렇게 말한다.

　천지 창조 이야기를 담은 책들을 보면, 일관된 공통점이 눈

에 띈다. 창조의 원천들은 어느 정도 물질적이면서 추상적이지만 여전히 '비정상적인' 개인의 보편 형태를 통해서 재현된다. 수많은 이야기들, 특히 가장 고답적인 문화의 이야기들일수록 같은 주제가 나타난다. 우주적 존재의 몸체로부터 세상에 태어난 자는 바로 우주적 몸체의 살해자이기도 하다.

여러 글들에 씌어 있듯, 태초에는 혼돈, 심연이 있었다. 그리고 이런 전통 속에서 원시적 요소들 — 물, 밤, 빛 — 이 사방에서 원시의 거인들을 탄생시킨다. 스칸디나비아의 이미르, 바빌로니아의 창조 신화시 『에누마 엘리시』의 여자 바다괴물 티아마트, 헤시오도스의 『신통기』에 나오는 가이아, 켈트 이야기의 다그다, 초기 조로아스터 전통 속의 바유^{바람의 신}, 인도 베다 신화의 푸루샤 그리고 중국의 반고^{도교의 천지창조신화에 나오는 최초의 인간} 등. 수많은 문화들이 이렇게 그들 세계의 탄생을 표현한다. "태초에 거인들이 있었다."

이 모든 총체적인 우주 생성론을 염두에 두면서 또 다른 전통들을 살펴보면, 창조의 원천에 행위자인 신을 두는 전통들이 있다. 성서의 창세기에는 말씀(동사)이 세상을 창조하기

---

* R. 보예, 『북유럽의 종교들』, 파리, 페야르, 1974, 186쪽.

전에 야훼 신의 정령이 물 위에 군림한다. 한편 이집트 천지 창조의 수호신인 아톰은 '거대한 창공을 지키는 고독자'로 표현된다. 이렇게 거대함은 보편적 방식을 통해서 원천의 재현으로 나타난다.

원시 시대의 거인에 대한 믿음과 그 증거들을 보여주는 것도 이런 재현 방식이다. 먼저 거석 유적들을 보자. 거인들의 도움 없이 어떻게 그렇게 엄청난 돌들을 한 곳에 모아놓을 수 있겠는가? 카르나크, 스톤헨지, 쾰트 같은 거석 유적지들은 바로 거인들의 존재를 증명해준다. 오직 초인간적인 힘만이 이 거대한 돌들을 깎아서 나르고 어떤 신비한 숭배를 위해 놓아둘 수 있으리라. 한편 고대의 신비한 거인들의 자취로 발견되는 거대한 유골도 오랫동안 이 존재들의 실존을 설명해주었다. 하지만 이 유골들은 나중에 고래나 거대한 곰, 마스토돈^{코끼리와 비슷한 멸종 포유동물}, 긴 털이 달린 코뿔소, 또는 다른 선사 시대 동물들의 자취인 것으로 드러났다. 하지만 상상은 언제나 현실을 앞서가는 법이다.

1456년에는 프랑스 론 지방에서 얼마 떨어지지 않은 발렌스 초입에서 '거인의 뼈'가 발견되었을 때, 사람들은 그것이 야만족인 킴브리 족의 족장, 튜토보쿠스^{Teutoboccus}의 뼈라는 주장을 펼쳤다. 이후 이 유적은 상상력의 보고가 된다. 1613년 니콜라스 아비코$^{Nicolas Habicot}$는 튜토보쿠스의 유골에 대한 논고를 출판하고, 루이 13세 시대에 외과의사 마주리에는 이 뼈가 '튜토보쿠스의 유골'임을 공식적으로 밝힌다. 그러나 그 것은 나중에 중생대 도마뱀의 뼈인 것으로 드러났다. 이와 비슷한 맥락의 이야기가 하나 더 있다. 빈에 있는 성 스테파누스 성당의 중앙문은 '리에센토', 곧 거인의 문이란 이름으로 알려져 있다. 성 스테파누스 성당의 중앙문이 이런 이름으로 불리게 된 것은, 1240년 이 건물을 축조할 당시 땅에서 발견된 거대한 뼈 때문이다. 이 거대한 뼈는 오랫동안 중앙문에 걸려 있었는데, 전설에 따르면 대홍수가 났을 때 물에 빠진 한 거인의 다리라고 했다. 문제의 다리가 맘모스의 넓적다리일 뿐이라는 사실이 밝혀진 것은 18세기가 되어서였고, 그 뒤 문에서 사라지게 되었다…….

하지만 역사적으로, 생물학적으로 거대한 어떤 존재가 있어 보인다는 사실(공룡이나 뇌룡 같은 척추동물의 경우를 생각해 보라)만으로는 거인의 존재가 설명되지 않는다. 고대의 글들이 그들의 흔적을 다루고 있기는 하지만, 이 글들은 무엇보다 거대화에 대한 심오한 상상력의 표현으로 보여진다.

이론가들에 따르면, 이 거대화 경향은 구체적으로 큰 키를 통해서 최고의 임명, 신격화를 나타낸다. 이것을 '키 크고 싶어하는' 현재의 경향과 비교하면서 연관 관계를 따져보는 것도 흥미로운 일일 듯싶다.

거대화는 신격화의 표현이다

개인의 기억도 그렇지만, 인류의 기억은 의심의 여지 없이 우상화라는 거대한 형식 아래 자신의 추억을 쌓아가는 경향이 있다. 이것이 인류의 머리 속에서 튀어나온 거인의 본질적 특성을 설명하는 가치화의 메커니즘이다. 그런데 이 메커니즘은 시각의 실질적 효과와 관련이 있다.

가치로서의 높이를 나타내기 위해 시선을 위로 쳐드는 순간적인 동작, 또는 '감정이 고양되다'는 언어가 나타내는 정신적 재현의 뜻을 알지 못할 사람이 누가 있겠는가?

질베르 뒤랑은 『상상력의 인류학적 구조들』에서 이 높이의 가치화에 대해 숙고한다. 뒤랑은 이 현상이 육체적 경험에서 시작된다고 설명한다. "인간에게는 순전히 시각적 감각으로 조정되는 일정한 수직성이 존재한다. 예를 들어 수직에서 수평으로 움직이거나 또는 수평에서 수직으로 움직이는 모든 물체에 대해 나타나는 신생아의 '지배적인' 반응이 그렇다. 수직적 지배에서 나타나는 방법상의 문제에 대해, 집슨^{J. Gibson}과 모레^{O. H. Maurer}가 연구한 적이 있다. 집슨과 모레는 이 '인력에 의한 반사 행동'을 세반고리관에서 시작되는 흥분뿐 아니라 발바닥, 엉덩이, 팔꿈치 양쪽에 일어나는 촉각 압력의 떨림, '내부와 내장'의 압력과도 연결짓는다. 그리고 이런 운동 감각과 체감의 밑그림 위에 마치 조건적인 것처럼 두 번째 단계의 요소들인 시각적 감각이 보태진다. … 결국 유전적 심리학이 아이에게 공간적 자세를 구성하는 움직임들을 해석하는 데 필요한 일종의 선행 요소로서 '집단'의 의미를 드러내 보일 때, 우리는 여기서 수직성에 의해 이루어지는 공리적인 지배를 확인할 수 있다. 뒤랑의 결론에 따르면, 이렇게 이 공리적인 도식들은 수직성이나 상승에서 정신적 고양에 이르기까지 모든 재현들에 대해 긍정적으로 느끼게 해주고 가치를 부여하게 만든다."■ 그래서 높이라는 의미 속에 수직성과 가치화를 연결시키는 인간적 재현의 근본적인 축이 형성될 수 있는지도 모른다. '모든 가치화는 수직성이 아닌가?' 하고 바슐라르는 말한다. "그것은 우리를 빛과 높이로 이끄는 정신의 동일한 작용이다. … 높이가 아주 높아지면 성스러움으로 변한다. 높이와 빛은 마음의 고양이라는 같은 움직임 속에서 연결된다. 그것은 신성이다."**

종교사가인 미르체아 엘리아데Mircea Eliade, 1907~1986는 이 사실을 확증한다. "거대한 높이는 인간이 접근할 수 없는 어떤 영역을 뜻한다. 그곳은 초인간적 존재의 권리에 속한다." 엘리아데에 따르면, 종교적인 감정은 상승과 고양의 수직적 영역을 통해 표현된다. "인도 베다의 힘겨운 고행이든, 미트라 숭배의 첫 단계든 또는 좀더 나중에 나타나는 야고보의 사다리든 간에, 높이는 종교적 열광을 내포한다."*** 종교적 숭배의 공간적 장소 또한 마찬가지이다. 피라미드, 노르만의 고분, 높다랗게 세운 비석과 제단 들은 높이를 표현하거나 위쪽으로 단위가 측정이 된다.

높이를 지극히 높은 가치인 신성으로 표현하는 일은, 종교

* G. 뒤랑, 『상상력의 인류학적 구조들』, 파리, 뒤노드, 1983, 139쪽.
** G. 바슐라르, 『공기와 꿈』, 파리, 조세 코르티, 1943, 24쪽.
*** M. 엘리아데, 『샤머니즘』, G. 뒤랑의 인용, 『상상력의 인류학적 구조들』, 같은 곳, 140쪽.

적 경험을 넘어서 더 일반적으로 여러 가지 주제와 연결되고 확장된다. 높이는 일반적으로는 과거 또는 현재의 영웅들, 정치가들과 연계되며 — 로마 황제들과 이집트의 파라오는 사후에 신성시되었다 — , '위대한' 작가들, 음악가들, 화가들 그리고 이른바 '우상'으로 불리어지는 은막과 스포츠의 스타들, 가수들과도 관련이 있다. 높이는 현대 소비 사회에서 '슈퍼', '하이퍼' 또는 '거인'이라는 상업적인 광고 문구에까지 스며들어 있다. 엘리아데는 원시 문화에 대한 언어학적 연구 속에서 이런 보편적 경향을 확인한다. "정신의 고양과 힘은 같은 말이다." 힘은 큰 키를 통해 정신의 고양을 외적으로 재현하고, 큰 키는 분명 더 커지고자 하는 소망과 상상을 나타낸다.

하지만 만일 이 거대화가 일시적인 신성화를 뜻한다면, 앞에서 언급된 얘기들은 피상적일 뿐이다. 신화의 거인들은 신이 아니다. 오히려 일반적 의미에서 보았을 때, 이들은 신의 희생자들이다.

그렇다면 분명히 단죄된 신성화의 길이 있다. 그것은 어떤 것일까?

"하나의 우화적 원형이라 할 수 있는, 원시 거인의 몸체에서 하늘과 땅이 탄생했다는 생각은 고대적이고 인도-유럽적이다"고 레지 보예$^{Régis\ Boyer}$는 말한다. 많은 경우, 이런 탄생은 희생의 대가를 치른다. 사실 놀랍게도, 고대의 글들은 지속적으로 다양성 속에서 창조 단계의 질서를 말하고 있다. 카오스^{Chaos}는 원천적인 무질서를 뜻하는 그리스어로서, 그 혼돈 속에서 헤시오도스는 분리된 요소들이 떠돌아다니는 것을 본다. 그런 후 이 형태의 무질서에서 생물학적이고 형태적인 조직화로 나아가는 최초의 신인동형^{神人同形}적인 시도가 생겨난다. 마지막으로 우주에 질서^{Cosmos}를 부여하는 신들이 나타나고, 그 다음에서야 인간이 나온다.

물질의 질서화와 구성화, 법칙화의 이야기, 이 지질학은 그것이 거대한 힘의 전복이라는 대가를 치르고 이루어짐을 상기시킨다. 어쩌면 신화는 나름의 방식으로, 연관된 우주적 범죄를 그런 식으로 기억하는 것이 아닐까.

원시 인물들 가운데 거인들은 많다. 스칸디나비아의 차가운 물방울에서 이미르가 태어났고, 이미르가 낳은 거인 자식들이 다시 아이를 낳는다. 이 제3세대에 신들이 태어난다. 그리고 음모와 살인의 시기가 시작된다.

태초의 어느 날, 해변가를 거닐던 "뷔르의 아들들(신 오딘과 그의 형제들)은 이미르를 죽였다. … 이들은 이미르를 끌고 가서 그 몸으로 땅을 만들고 피로 바다와 호수를 만들었다. 땅은 이 거인의 살로 만들어졌고, 산맥은 뼈로 이루어졌으며, 조약돌은 이빨로 만들어졌다. … 이미르의 상처에서 흘러 나온 피가 자유롭게 내를 이루고 바다가 되어 이 땅 주위를 둘러싼다. 이들은 이미르의 두개골을 가져와서 하늘을 만들고 그것을 네모난 땅 위에 덮는다. 그리고 세상의 네 구석 아래에 난쟁이를 하나씩 놓아둔다".▪ 조각난 거인의 몸체를 가지고 살인자 신들은 세상을 만들었다.

다른 지방에서 보면, 『에누마 엘리시』에는 티아마트와 압수가 결혼했다는 구절이 나온다. 티아마트는 아이를 낳고, 그 아이들이 다시 아이들을 낳아 세상이 시끄러워지기 시작했다. 티아마트의 손자인 마르두크는 어느 날 티아마트와 격렬

▪ R. 보예, 『북유럽의 종교들』, 같은 책, 135쪽.

한 언쟁을 벌였고, 자기 부모와 사촌들의 도움을 얻어 그녀를 제거하기로 결심한다. 마르두크는 티아마트를 그물로 붙잡아서 그녀의 거대한 입 속에 바람을 불어넣었다. 이렇게 해서 티아마트는 끔찍한 고통 속에서 죽었다. 마르두크는 티아마트의 시신을 갈기갈기 찢어서 각각 몸 조각에서 나오는 가죽으로 하늘과 땅을 만들었다.

원시적 존재라는 주제는 수많은 글들에서 공통적으로 나타난다. 잘게 잘려진 거인들은 천연의 일차 질료로서 신인동형의 구성을 보여주는 듯하다. 이들은 순수한 힘이 형태로 변환되는 것을 형상화하고, 신들은 엄청난 거인들의 크기를 가지고 생명체를 측량한다 — 신화는 구체적으로 이것을 표현하고 있다.

창조가 이루어지기 위해서는 힘이 제한되고 그런 후에 배분되어야만 한다. 거인들이 죽고, 그런 다음 이들의 육체가 배분되어야만 한다. 이로부터 살인과 토막치기가 나온다. 이것은 거인들에게 붙어다니는 이중의 이미지이다. 만일 원천으로서 거인들이 계속 원시 종족들, 특히 켈트 족들에게 끊임없이 숭배의 대상이 된다면, 그것은 물질적 풍요로움이라는 거인들의 상징성 속에 담긴 조상이라는 일차적 이미지 때문일 것이다. 고풍적인 것들, 무게, 무서운 힘, 폭력은 계속 이들의 후손들에 의해 영웅적 이야기 속에서 구현될 것이다. 거기에서 이들의 힘은 제압의 대상이 될 것이다.

이 징벌은 특히 그리스 신화에서 잘 표현되어 있다. '거인 giant'이라는 말은 'gigan'에 어원을 두고 있으며, 이것은 가이아, 땅 그 자체에서 태어난 자를 뜻한다. 헤시오도스에 따르면, 거인들은 결국 그들의 아버지 우라노스가 거세된 이후의 풍요로움에 의해 태어난 자들이다. 복수를 준비하며 폭력을 자행할 것을 결심한 "이들은 전부 동으로 된 무구를 갖춘 채 중무장을 하고 땅에서부터 나왔다". 그리고 이어지는 글 속에서는, 우리가 이미 아는 것처럼, 끔찍하고 외로운 고함을 지르는 거인들이 전쟁을 일으킨다. 그리고 사방에서 이들은 엄청난 패배자가 되고, 물질적 힘인 폭력은 이후부터 위험한 대상으로 치부된다.

세상의 질서를 수립하기 위한 거인과 신들의 전쟁 |

"고대 거인들의 힘을 기억해보시오. 그들은 구름에 묻힌 올림

포스에 오사를 두고, 그 위에 높은 펠리온 산맥을 놓아 하늘로 올라가려 했소. 이것은 신들과 싸워서 그들을 하늘에서 끄집어내기 위한 일들이었소." 거인에 대한 또 다른 아마추어 전문가 라블레[François Rabelais, 1494경~1553]는 이렇게 말한다.

유황 냄새 나는 원천의 치열한 전쟁은 쉽게 사그라들지 않는다. 가장 인상적인 싸움들은 헤시오도스가 『신통기[Theogony]』에서 얘기하고 있다. 여기에서 세상의 시작은, 땅이라는 배에서 엄청나게 배출되는 존재들의 투쟁을 통해서 얘기된다. 세상의 탄생은 특히 유명한 세 가지 에피소드로 이루어져 있다. 거인과 신들 간의 강력한 전쟁을 세 차례 치르는 동안, 하늘에서는 불이 번쩍이고 바다는 뒤집히며 사방에서 돌들이 날아다닌다. 우주적 범죄는 여기서도 여전히 자행된다. 티탄인들의 기념비적인 공격 속에서 티탄인 아들 크로노스가 우라노스를 거세하고, 다시 크로노스의 아들 제우스가 왕위를 찬탈한다. 그리고 마지막으로 거인들의 반격이 무참히 짓밟히고, 이들은 타르타르 속에 영원히 묻히게 된다.

전쟁의 결말은 언제나 똑같다. 모든 전장에서 거인들은 패배한다. 스칸디나비아의 거인들은 요툰헤임[Jotunheim, 북유럽 신화에 나오는 거인족 요툰의 나라] 속에 갇히고, 티탄들은 타르타르의 땅 가장 깊숙한 곳까지 끌려 들어간다. 엔켈라두스는 에트나 산 속에 묻히고, 아틀라스는 자신의 등에 하늘의 궁륭과 세상의 엄청난 무게를 영원히 떠받치는 벌을 받는다. 헤시오도스의 뒤를 이어받은 빅토르 위고는 이 부분을 다시 이렇게 회상한다.

> 몹스는 아토스 산 아래로 사라지고
> 스크롭스는 델로스 아래를 떠돌며
> 토르는 장차 영국이 될 검은 암초 아래에 있다
> 산보다도 더 큰 이 존재들은 노예들로서,
> 어떤 이들은 빙하 속에 있고, 또 어떤 이들은 용암 아래에 있다 •

오직 프로메테우스만이 코카서스로 끌려들어가기 전에 한순간 그곳에서 빠져나온다. 그리고 독수리의 맹렬한 야성의 양식이 되어 간을 내주게 된다. 그런데 이 이야기를 전하는 화자들은 현대의 독자들이 가지는 일말의 동정심도 느끼지 않는 듯 보인다. 즉, 도덕이라 할 만한 감정의 그늘이 보이지 않는다. 신들의 존속살해는 이들에 대한 어떠한 불명예스러

• V. 위고, 『세기의 전설』, 파리, 가르니에-플라마리옹, 1967, 6권, 124쪽.

운 감정도 이끌어내지 못한다. 오히려 그 반대다. 이들의 승리는 완전한 평화, 혼돈에 대한 우주의 승리를 확인시켜준다. 이를테면, 신들의 삶과 연계되어 인간들의 삶이 시작될 수 있으려면 무질서에 대한 질서의 승리가 이루어져야 한다는 것이다. 역설적으로 이 전쟁은 방어적 힘에 대한 공격적 힘의 권리를 표현한다. 형이상학적 의미에서 봤을 때, 지고한 권리가 그 밖의 모든 도덕적 의미를 초월하는 듯하다.

이 신적인 권리는 결국 필연적으로 우주적 국가가 설립되는 근거가 된다. 이를 통해 체제 변화가 이루어진다. 물질에 대한 정신의 우월성, 힘에 대한 형태의 우위, 무게에 대한 사유의 승리가 그것이다.

세계에서 거인들을 축출하면서 신들은 다시 한 번 측정의 개념을 통해 재편될 사물들의 새 질서를 확인시켰다. 이 측정의 개념 바깥에 있는 것은 이제부터 일탈적인 범죄들로 규정된다.

신들의 권리가 세상을 점령하는 그 곁에서 거인은 비정상성, 그리스어로 위브리스^{ubris}의 모습을 띤다. 마치 히드라처럼 사방에서 거인들의 머리는 새롭게 솟아날 것이며, 이것들은 잘리고 밟히고 묻힐 것이다.

거대화한다는 것은 곧 발자취 너머에 갇힌 존재들을 신성
화하는 일이 될 것이다.

문명의 영웅과 신화 속의 거인

그럼에도 거인들은 신들과의 전쟁에서 패배한 이후에도 생존
하면서 그들 나름의 새로운 질서 속에서 공존할 것이다. 제우
스는 자신이 총애하는 기능공들인 키클롭스들을 만들었다.
에트나 화산 아래 거주지를 정한 이들은 신의 번개를 주조한
다. 스칸디나비아에서 거인들은 휴식을 취하며 요툰하임, 즉
글에서 약속한 세계의 종말을 기다리며 반전을 꾀하고자 한
다. 켈트 족의 나라들, 곧 게르만이나 이베리아 반도, 그리스
등에서 거인들은 은거지, 섬들, 숲, 언덕 등지에서 홀로 살아
간다. 그리고 거기에서 스스로 짐승을 기르며 나름의 풍습에
따라서 야만적으로 산다. 거인들의 체격은 크고, 수염이 텁수
룩하며 짐승의 가죽을 입고 몽둥이를 들고 있으며, 괄괄하고
으르렁거리는 소리로 말한다. 물론 그들은 힘도 세고 때로 식
인종이 되기도 한다.

거인들은 기회만 되면 인간이 힘들게 세운 질서를 전복하려 든다. 그런 이유로 거인들은 축출되어야만 하고, 야만의 상태로 내쫓긴 채 살아야 한다. 세상은 문명화되어야 하며, 그래서 이것을 위해 신들의 세상 이후 영웅들이 떠맡아야 하는 임무가 생겨나게 된다. 폴리^{poli}라는 그리스어의 어원적 의미가 정치적 질서를 뜻하듯, 신들이 세운 우주의 질서를 반영한 인간 세계의 조직을 굳건히 하고 발전시키는 임무가 영웅들에게 맡겨진다.

이 일을 방해하기 위해 많은 거인들은 전략적 지점들을 점령한다. 다리와 건널목, 네거리는 오늘날 우리가 잊어버린 원시 시대의 소통의 지점이다.

고대의 이야기부터 중세 시대에 이르기까지 이 교차로들이 갖는 중요성은 이미 잘 알려져 있다. 당시 여행은 수월한 일이 아니며 수많은 위험을 내포하고 있었다. 야생 짐승들, 위험한 숙소 그리고 도둑들이 창궐하는 거리 등등이 그렇다. 바로 이 시기에 테세우스가 아테네의 길목을 지키는 수훈을 세운다. 우리는 테세우스가 어떻게 프로크루스테스가 가로막고 선 네거리를 진압했는지 기억한다. 네거리는 많은 사람들이 지나다니기 때문에 매복에는 더없이 전략적인 장소이며, 그래서 운수 나쁘게 도둑들을 만날 위험도 그만큼 더 크다. 다리, 건널목, 네거리 등은 당시에 일정한 사회적 가치를 지닌 곳들이었다. 이곳에서는 소통이 이루어지며, 멀리 떨어진 도시들이 서로 접촉하였고, 더 먼 곳으로 가는 길목이기도 했다. 이러한 장소들이 내포하는 다각적 기능은 자연적, 지리적인 풍경에서 인간적 풍경으로, 인간이 문명화함으로써 세계의 물리적 풍경이 변환됨을 뜻한다. 그러므로 다리, 건널목, 네거리 들은 또한 신화적 가치를 지닌다고 할 수 있다. 그런데 오랫동안 이 거리들을 점유하고 있었던 존재는 바로 거인이었다. 안타이오스그리스 신화에 나오는 리비아의 거인의 예가 그러하다.

아폴로도로스Apollodoros. BC 140년경에 활동한 그리스 학자의 이야기에 따르면, 공포스러운 씨름꾼이었던 안타이오스는 네거리에 서서 지나가는 모든 사람에게 씨름을 청했다. 당연히 희생자들보다 힘이 더 셌던 안타이오스는 행인들의 두개골로 사원을 세웠는데, 이것은 그의 야만성에 대한 끔찍한 증거였다. 더욱이 안타이오스는 자신이 태어난 땅에 닿을 때마다 새로운 힘을 얻었기 때문에 아무리 내동댕이쳐도 힘이 꺾이지 않았다. 자신의 열두 번째 임무를 수행하기 위해 안타이오스의 집으로 들어간 헤라클레스는 이 거인과 맞서 싸워야 했다. 헤라클레스는 안타이오스를 공중으로 번쩍 들어올려 목졸라 죽였고, 그리하여 안타이오스가 점유하던 땅은 문명화의 흐름을 받아들일 수 있게 되었다.

새로운 전쟁은 '영웅적' 이야기들의 주제가 된다. 이 이야기들은 하나같이 야만이 정복되고 인간들이 도시와 나라로 이주함을 이야기한다. 야만에 대한 정복은 영웅이나 그를 따르는 사람들에게 하나의 정체성을 가져다준다. 이를테면 마그 툴레드$^{Mag\ Tured}$ 전쟁과 관련된 아일랜드 신화의 이주 이야기가 그렇다.

맨 처음 아일랜드의 최고 신 다그다^{Dagda}가 시작했고, 그 다음 '빛'이라는 의미의 루그 신이 재개한 이 전쟁은 혼돈의 어둡고 불길한 힘을 재현하는 '포몰레'라는 거인 집단에 대항한 것이었다.

포몰레의 왕 발로는 이마 한가운데에 눈이 하나뿐인데, 오직 전쟁이 일어났을 때에만 그 눈을 뜬다. 발로의 눈꺼풀은 어찌나 무거운지 눈꺼풀을 들어올리려면 창을 든 남자 넷이 필요했다. 이 눈에서는 공상 과학 영화에 나오는 광선에 필적할 만한 죽음의 광선이 발사되고, 이 눈을 바라보는 군대는 순식간에 벼락을 맞아 죽는다. 매우 영명한 루그 신은 켈트 족의 이 애꾸눈 괴물의 눈을 돌로 쳐서 무찌르고 아일랜드에 인간들이 이주할 수 있도록 한다.

마찬가지로 영국이라는 이름은 13세기에 지어진 웨이스Wace. 1100경~1174 이후, 『브루트 이야기Roman de Brut』에 나오는 「큰 거인들Des grands gants」 이야기에서 비롯된다. 이 책에는 회개하지 않는 처녀들과 몽마잠자는 여자를 범한다는 악마, 곧 악마들이 결합하여 태어난 거인들의 섬으로 이주하는 이야기가 씌어 있다. 어느 날 트로이의 아이네아스의 신성한 자손인 브루투스가 이곳으로 왔다. 브루투스는 거인들과 싸워서 모두 무찔러 죽였다. 오직 거인들의 족장인 고그마고그Gogmagog만을 남겨두었는데, 그는 역사의 기록자로서 이 땅과 사람들에게 이름과 위업과 정체성을 내주는 역할을 한다.

이 밖에 테베를 건설하기 위해 거인들에 대항한 카드모스의 전쟁, 폴리페모스에 대한 율리시스의 승리 — 오디세이아의 영웅으로서 자기 조국으로 다시 돌아가 아내의 새 청혼자가 어지럽힌 질서를 재수립하는 계기가 된다 — , 또 군대의 전진을 위해 방패막이로 선두에 선 쿠출렌이라는 켈트 족 영웅의 투쟁 등이 이러한 전통의 맥을 잇는다. 젊은 다윗의 경우도 마찬가지이다. 다윗은 골리앗을 무찌름으로써 팔레스타

인 사람들에 대항하여 위험한 전쟁에 뛰어든 헤브루 민족의
생존을 지킨다.

헤아릴 수 없이 많은 예들이 주는 교훈은 명확하다. 신들의
출현 이후에, 신의 이미지에 맞게 신에게 물려받은 계획을 창
조하고 확증시키는 존재는 영웅들이다. 거인들은 사방에서
다시 나타났다가 이마에 돌을 맞고 쓰러진다. 어쩌면 거인의
이마는 지능이 없다는 것을 상징적으로 표현하는지도 모른
다. 수없이 많은 책에서 거인들은 이러한 수수께끼 같은 특징
을 가진 존재로 나타난다. 거인들은 모두 두 눈 사이의 공간
이 비정상적으로 넓든지, 아니면 키클롭스처럼 외눈박이다. *

우리는 더 이상 조화로운 질서가 야만성의 거죽인 거인의
짓밟힌 몸뚱이 위에서만 수립될 수 있다는 것을 외면할 수 없
다. 곧, 문명화는 끊임없이 패배와 승리를 반복하며 생존하는
야만성을 탈피함으로써만 얻어질 수 있다.

---

* 눈여겨볼 만한 점은, 이야기에서 수수께끼처럼 나오는 이마 한가운데의 이 공
간은 뇌하수체, 곧 성장을 조절하는 내분비기관인 시상하부의 상상적 투영으
로 인식될 수 있다는 것이다. 무엇보다도, 사실 인체의학에서 '뇌 발달 이상(소
토 신드롬)'에 걸린 환자들은 비정상적으로 이마가 넓다. 반면 일부 뇌하수체
관련 난쟁이들은 얼굴 정면에서 중앙선을 따라 비대칭을 이룬다.

그렇다면 거인은 혹시 인간의 마음속에서 자라나는 것은 아닐까?

그것을 발견하는 것은 내면의 조화라는 새로운 정복 임무를 맡은 제3세대 영웅들의 몫이다.

영웅이라는 자아와 거인

서사적이고 로마네스크한 중세 그리스도교 시대에는, 그 시대의 정치적·사회적 질서에 공헌하여 이름을 날리고자 하는 전사들의 신화가 이어진다. 수많은 책에서 거인은 위협적으로 중세 봉건 제도와 궁정제의 도덕적·사회적 법칙들을 침범한다. 그들은 또한 사회에서 지배적 권리를 행사하는 자들이다.

아일랜드 왕비의 오빠인 모홀트의 경우도 그렇다. 모홀트는 매년 골 족 처녀들을 수백 명씩 바치라고 요구했고, 결국 트리스탄의 검이 그의 두개골에 내리꽂힌다. 또한 미노타우루스를 쳐부수기 위해 길을 떠난 그리스의 영웅 테세우스의 예도 한번 생각해보자. 테세우스는 이 괴물로 인해 아테네 시가 치러온 희생을 멈추기 위해서 맹활약한다. 젊은 남녀를 바치는 것보다 사회 상층부를 없애는 것이 더 나을 수도 있는 것이다.

사자의 기사 이뱅^{프랑스 무훈시 『이뱅, 사자를 이끄는 기사』의 주인공}은 비탄에 빠진 나라에 도착한다. 거인인 산의 하르핀은 네 명의 귀족 기사를 붙잡아두고 망연자실한 그들의 아버지에게 숫처녀 누이를 달라고 요구한다. 자신의 열정을 쏟을 여자가 필요하다는 것이었다. 우리는 폴리페모스를 기억한다. 하르핀은 폴리페모스와 닮았다. 공격적이고 털북숭이인 하르핀은 자신의 야수성을 좀더 잘 드러내기 위해 곰 가죽옷을 입고 있으며, 목에는 덜렁거리는 말뚝을 걸고 다닌다. 원시적이면서 거친 그는 소리 높여 위협적인 울음소리를 내며 법에 복종하지 않는다. 그러나 짧고 치열한 전투 끝에 결국 패배하고 만다.

이 성욕과 식욕이 왕성한 괴물들을 통해서 사회 질서의 원칙은 개인적 쾌락이라는 단순한 원칙의 위협을 받는다. 자신의 욕구에 이끌리는 괴물은 자아 도취의 무아경을 재현하며, 이것은 타인에 대한 일체의 거부를 뜻하기도 한다. 중세 시대에 야성의 고독은 도덕적 주변성, 곧 교만을 뜻한다. 혼자 있는 자, 타인과 떨어져 외따로 머무는 자는 모욕을 당한 자이다. 그는 창조의 분리 원칙을 상기시킨다. 곧, 분리^{Division}의 어원적 표시를 담고 있는 그의 이름은 바로 악마^{Devil}이다.

거주지 외곽에 살던 고대의 괴물들처럼 그리스도교 세계의 괴물은 구원된 세상 주변에서 산다. 그들은 이슬람 종파의 보병들로서, 로마와 도시의 성인인 교황을 위협한 코르솔트와 같다. 이 밖에도 단독 결투에서 올리비에$^{프랑스 무훈시 『롤랑의 노래』의 주인공}$에게 패한 피에라브라, 페라구스, 이소레, 로보아스트르, 소르티브랑, 몽미레의 브뤼랑, 에그르말레의 모브렁, 털보 우르강 그리고 마지막으로 13세기의 무훈시가에 나오는 보르도의 젊은 영웅 위옹이 맞닥뜨릴 아가파르와 그의 형 오르귀예가 있다.

보르도의 젊은 영웅인 위옹은 샤를마뉴 대제와 불화가 있고 나서 동양을 찾아 떠난다. 활기차면서 얼마간 모험을 즐기는 그는 아가파르와 오르귀예라는 형제 거인과 맞설 결심을 한다. 오르귀예에 대한 묘사는 꿈에서나 그려볼 만큼 끔찍하다. 오르귀예는 키가 10미터나 되는 데다 팔뚝과 주먹이 두껍고 단단하다. 목은 튼튼하며 깊게 팬 눈은 뜨거운 숯보다 더 빨갛다. 게다가 코와 두 눈 사이의 거리가 엄청나서, 상상하기 힘들 만큼 모습이 흉측하다. '너를 낳은 것은 인간이 아니로구나' 하고 위옹이 소리치자, 오르귀예는 '네 말이 맞다, 악마 벨제부스가 내 아버지이고 나를 낳은 것은 여인 뮈르갈이다. 지옥의 모든 악마와 나쁜 정령들이 내 가족이다' 하고 대꾸한다. 이 거인의 행동은 그 일족의 이미지와 같다. 오르귀예는 식인종이다. 오르귀예는 자신의 점심 식사로 남자 셋을 먹어치운다. 하지만 더 나쁜 것은 이 식인귀가 어떠한 법도 준수하지 않는다는 것이다. 특히 신의 이름을 존중하지 않는다. 오르귀예는 스스로 소리 높여 말하듯이, 자신에게서 힘을 얻고 그 자신만 믿는다. 자기 이름처럼 자신의 거만함에 눈먼 오르귀예는 실수에 실수를 거듭하고, 그래서 몸은 열네 동강이 난다. 허세를 부리던 오르귀예는 오직 자신의 힘만 믿고, 그를 대적하러 온 영웅이 한 무리의 천사장들의 도움을 얻는 줄 알지 못했던 것이다. 천사장들은 이 거인을 사회적이고 형이상학적인 체계 속에 귀속시킨다. 마지막 순간 위옹은 이 괴물에게 말할 기회를 얻는다. 그리스도교 지역에서 물리적 힘이 신의 정령에게 패배함을 알리는 신화적 메시지는 여기에서 그리스도교의 계시로 승화된다. 영웅은 이승을 지배하는 동물적 힘을 쳐부숴야만 하며, 이것은 '이승이 아닌 왕국'의 진실들을 빛내기 위함이다.

하지만 만일 이 영웅이 자신의 적수에게 문명성의 교훈을 이해시키고, 그런 내용이 책 속에서 내내 이어지고 있다면, 이것은 무엇보다도 영웅 자신을 설득시키기 위함일 것이다. 우주적 질서, 정치적 질서의 패배자인 거인은 여전히 자기 생을 마감한 것이 아니다. 거인은 또한 개인적 방식으로 살아남는다. 거인은 영웅의 마음 깊숙이 어두침침한 곳으로 후퇴한다. 비정상적인 그의 얼굴은 그 안에서, 자아에 대한 과장된 열정을 불러오면서 오랫동안 은거하고 있는다.

이 영웅의 무훈 이야기는 내면의 이야기이다. 괴물과의 전쟁은 또 다른 전쟁의 표현이다. 그것은 내면의 화합을 위해 의식의 지대에서 이루어지는 전쟁이다. 무훈으로 가득한 이 영웅의 유명한 궤적은, 융이 '개인화 과정'이라 부르는 자아에 대한 탐구를 대표적으로 보여준다. 영웅 그리고 영웅을 통해 인간이 이 이야기에서 추구하는 것은 자아, 인격, 성취, 자기 한계에 대한 탐구이다.

거인은 자기 안의 욕망을 제거해야만 하는 인간 본성에 공표된 신적 — 자연적 — 질서의 위반이며, 한계의 초월이다. 내면의 모험 길에서 거인은 마치 거울처럼 영웅에게 그가 무찔러야만 하는 부풀려진 자아를 보여준다. 괴물은 영웅에게 기준치와 힘에 대한 과도한 열정으로 일그러진 영웅 자신의 얼굴을 보여준다. 이것은 영웅의 인간 조건에 대한 감각과 더불어 그의 초자연적 삶과 정신의 균형을 잃어버리게 만들 위험이 있다. 괴물은 영웅 내부에서 쳐부숴야 하는 비정상성을 형상화한다. 이것은 고대부터 중세 말까지 마치 사회적 · 정신적 · 형이상학적 위험처럼 예감되며, 삶의 사회적 · 개인적 조건들이 자리잡기 위해서 제거되어야만 하는 것이다.

이것은 또한 물리적이고 물질적인 힘이 인간의 것이 아니라는 사실을 보여주는 표시이다. 인간은 자기 본성의 비밀을 발견하기 위해 유혹을 이겨내야만 한다.

다음 장에서 다룰 난쟁이의 경우처럼 거인은 인간 조건의 어떤 한계를 구현한다. 전쟁 이야기 속에 자주 등장하는 거인은 사실 인간이 넘어설 수 없는 문턱을 가진 자이다. 거대한 키로 인해 일그러진 그의 모습은, 인간 각자가 오직 자신의 기준치를 지켜야만 한다는 교훈을 상기시킨다. 내면의 거인은 운명적 위반을 통해서 인간의 삶에 존재하는 법칙들을 없애려고 하기 때문이다.

그런데 인간과 신이 연합하여 패퇴시킨 그 존재가 다시 일어서는 날이 온다. 책에서 약속하는 그 날, 신과 인간의 연합

은 전복될 것이다. 프로메테우스가 다시 돌아오고, 신들의 황
혼이 찾아와 어느 정도 신화적 방식으로 진보의 시대가 도래
하는 그 날 말이다. 그리하여 큰 키는 다시 자신의 자리를 찾
게 될 것이다.

작은 키, 힘의 거주지화

이제까지 이야기들에 충실하면서 '크고 강하고 야성적이다'
는 수식어를 통해 '과도한' 키의 사람들을 비꼬았다. 큰 키에
대한 이런 표현은 가상적 거인의 지적 빈곤과 물질적 무게를
간략하게 보여준다. 반면 '소인'은 일상 언어에서 '작은 꾀쟁
이, 작은 악동'이라는 말로 표현된다. 키와 심리학 사이의 밀
접한 관계를 설정하지 않더라도, 우리는 상상력이 소인 속에
꾀바른 이미지를 심어두고 있으며, 제한된 공간 속에 비물질
적인, 가시적으로 드러나지 않는 힘을 거주시키고 있음을 확
인할 수 있다. 이 힘은 우리가 '능력'이라는 말을 통해 일상

적으로 이해하는 것과는 다르다. 수의 중요성을 집약적으로 표현하기 위해 숫자 위에 지수를 적어넣는 수학적 상징은 이 상상적 작동의 좋은 본보기이다. 수는 그러한 압축을 통해 10^9이 1,000,000,000보다 더 훌륭하게 10억을 표현할 수 있음을 보여준다.

이 거주지화의 원칙은 자연과 집, 원시 인간의 의식 속에 있는 '정령들'에 의해 문학적 영역의 조직화된 이미지들로 드러난다. 그것은 마법적 사고로 가득 차 있으며, 보편적 전통 속에서 극도로 집약된 인간적 형태로 드러난다. 게르만의 놈gnome, 지신 난쟁이, 스칸디나비아의 트롤, 켈트 족의 파르파데장난꾸러기 꼬마요정, 미얀마의 나트nats, 타이와 라오스의 피스phis, 또는 이 모든 명칭들을 한데 묶는 집합적 용어로 '난쟁이'는 각각 친밀한 공간과 관련이 있으며, 내면의 힘으로 감지되는 세력을 설명하는 데 형태론적 위치를 획득한다. 최소한의 물리적 위치를 차지함으로써 이 인물들은 자연의 생장력뿐만 아니라 좀더 일반적으로 봤을 때, 전적으로 역동적인 힘의 설명할 수 없는 현현顯現들을 가시적으로 보여주는 역할을 한다. 이들은 자신들의 작은 키로 바슐라르가 '소형화'라 부른 정신의 자연적 성향을 증명한다.

'거대화'는 크기라는 궤도 위에 이미 상상의 자리를 잡아놓
았다.

'소형화'는 그 반대로 내밀한 가치들을 활성화시킨다. 하
지만 거인들이 매우 노출적인 성향을 지닌 것과는 반대로, 소
형화의 특성은 깊숙한 내밀성을 지향한다. 소형화의 이미지
들은 전적으로 내밀한 특징을 지닌다. 『공간의 시학La Poetique de
l'espace』에서 바슐라르는 보이지 않는 내적인 힘을 담은 이미지
들로서 곡식 알갱이, 과일 씨, 싹, 조개껍데기, 둥지, 땅굴 등
거주의 기능과 연관된 모든 것들을 집계한다.

한눈에 알 수 있듯이, 같은 두께를 가지는 이 이미지들은
그럼에도 상반된 가치를 드러낸다. 물리적 힘의 부피가 일의
적이라면, 이 힘은 모호하게 이중적으로 드러난다. 거대화보
다 더 풍요로운 소형화는 상반되는 두 움직임, 퇴화나 피신지
로의 침잠 또는 이행이나 도약을 활성화시킨다.

작은 것을 상상하는 정신은 두 가지 장점이 있다고 바슐라

르는 말한다. 하나는 평정이고 다른 하나는 역동성이다. 이
두 가지 효과는 작은 크기에 담긴 가치들을 결정하는 동시에
구분하며, 키를 제외하면 모든 것이 상반된 인물들 속에서 구
현된다. 한편에서는 팽창, 생성, 성장, 도약 등 외부를 지향
하는 인물들이 모여든다. 이들은 엄지이자 영웅의 극단적 이
미지들이다. 다른 한편에서는 내향적 인물들, 가정적 내향성,
더 넓게는 모든 질서에 도움을 주는 내적인 공간의 정리에 적
합한 인물들이 나열된다. 이들은 순전히 상상적인 지신 난쟁
이들, 궁정의 난쟁이들, 앞에서도 언급되었다시피, 슬픈 역
사적 진실의 치환자들인 '난쟁이들'이다.

난쟁이의 의식 또는 정신적 내향성의 신화적 반-세계 |

의식의 감정은 있는 그대로 드러나지 않는다. 원초적 정신은
마치 외부인처럼 그리고 분신처럼 경험되며, 극도로 축소된
인간적 형태로 재현되는 내면의 주인 형태로 표현될 필요성
이 있음을 감지한다.
　'재능'이라는 말을 보자. 이 말은 이를테면 장사에 '재능이

있다'는 표현에서 이 말이 새기는 내적 판단의 기능과 연관된다. 수많은 전통에 따라 다양한 이름으로, 각각의 인간은 자아의 분신인 '재능'을 가지고 있었다. 이러한 재능은 일종의 비가시적이면서 불멸하는, 신성화된 인격이기도 했다.

그리스에서 이것은 '데몬daimon'이라 불린다. 수호하는 재능인 데몬은 각 개인에게 있는 것으로 그의 곁에서 개인적 자문 역할을 한다. 영감의 개별화된 표현인 데몬은 직관의 기능을 하며, 예감을 말하기 위해 꿈속에도 관여한다. 오늘날 시각에서 보면 그것은 비이성적 역할을 담당한다. 무의식과의 연합을 통해 그에게 부여된 내적이고 어두운 주거 방식은, 그것이 지하 세계 깊숙한 곳에 자리잡고 있다는 생각을 하도록 만든다. 이런 하부 세계로의 위치 부여는 그것이 지옥의 것이며 그에 관련된 모든 재능들이 나쁘다는 생각에 이르게끔 한다. 그리스도교 설화에서는 이것을 '악마'라고 부르는 습성이 있다. '소유'의 설명할 수 없는 경우들은 개인적 실존이나 악에 관련된 생각과 여전히 연관된다. 하지만 우리는 곧 이어 이중화된 내면의 평온이 근본적 도착을 드러냄을 보게 된다.

피에르 그리말Pierre Grimal에 따르면 '주요한 성소가 사모트라스에 있는 신비한 신성'이면서, 헤로도토스의 말로는 이집트나 멤피스 등 각지에서 애호되었던 카비르^{Cabires}가 있었다. 땅의 첫째 아들인 크로노스의 부인, 레아의 행렬을 뒤따르던 작은 존재들은 마찬가지로 정신이라는 낯선 힘의 상징이었고, 그들 덕분에 각 인간의 의식은 신비로운 신의 힘과 연결되었다. 우리가 주목할 것은 작은 키와 밀접하게 연결된 바로 이 비밀스런 특성이다.

우리는 콜로디^{C. Collodi, 1826~1890}의 동화 『피노키오의 모험』을 떠올리면서 상상적인 위임에 대해 생각하게 된다. 월트 디즈니의 영화로 제작된 것처럼 이 나무 꼭두각시가 뒤에 매달고 다니는 지미니 크리켓 ― 일명 말하는 귀뚜라미 ― 은, 그를 조정하고 진정한 어린 소년으로 만들어줄 의식을 뜻한다.

그런데 이 예들은, 내적 자아를 관리하도록 임명된 소인들을 보여준다. 소인들은 기이한 불안 앞에서 자아를 이중화함으로써 평정을 찾는다. 그러나 궁정의 난쟁이를 통해서 구현되는 상황은 여전히 상상적인 것으로 남아 있다. 정신적 내성^{內城} 속에 자리한 이 '재능들'은 내성에 관계된 더 넓은 의미의 원형적·가정적·우주적 특성을 지니며, 고독과 침묵의 위험에 맞서는 분리된 자아의 안락함을 확인시켜준다. 하지만 이것은 동시에 세계와 미분화될 위험도 안고 있다.

신화-심리학적인 이 친밀성은 동양에서 스칸디나비아까지 동화와 전설들의 친밀한 소인 거주자들에게서 폭 넓게 나타난다. 코볼드Kobold는 게르만 어(쿠바-왈다kuba-walda)로 '집의 주인이나 정령'을 뜻한다. 이 밖에도 스칸디나비아 지방의 톰트, 켈트 지방의 고블랭, 러시아의 도모보이, 바스크 지방의 레시스는 거주지의 친밀한 공간과 연관된다. 다시 말하면, 이들은 대부분 도움을 주면서 가끔 구속의 역할을 하는 존재들이다. 주거지를 안락하게 하는 데 힘쓰면서 설거지를 하고 불을 지피거나 바닥을 쓸며, 아이를 재우고 가축을 보살피며 암소를 다루는 이들은 붉은 모자와 푸른 반바지를 차려입은 소인들이다. 우리는 그들의 행동을 어렴풋이 느끼지만 직접 눈으로 확인할 수 없다. 그 마술적 설명들, 소박한 삶의 존재들, 침묵의 메아리들, 고독의 위로들을 말이다.

이를테면 버섯-난쟁이들의 경우가 그렇다. 월트 디즈니의 만화 영화에 등장하는 이들은 땅굴 속에서 태어난 고전적 존재들로서, 특히 최근에는 쉬트룸프가 새롭게 대중화시켰다. 이런 활동들을 통해서 우리는 소인들의 이미지가 매우 조작되어 있음을 알 수 있다. 가장 잘 알려진 예가 백설공주 이야기이다. 우리는 이 젊은 처녀 주위에서 소형화에서 비롯된 평정의 감정을 느끼려고 애쓴다.

그럼, 일곱 난쟁이들의 집으로 이끄는 숲 길을 따라가보자. 일곱 난쟁이들의 열쇠는 문 위에 걸려 있다. 이곳은 진정한 주거 공간이다. "여기에는 모든 것이 작다. 하지만 사람들이 상상할 수 없을 만큼 귀엽고 깨끗하다. 흰 덮개로 싸인 작은 탁자가 있고 그 위에는 일곱 개의 작은 접시들이 작은 숟가락과 작은 칼, 포크, 컵 등과 함께 놓여 있다. 일곱 개의 작은 침대는 벽에 붙은 침대 순으로 차례대로 놓여 있고 여기에도 눈처럼 하얀 침댓보가 깔려 있다."

이 사소한 물건들에 대한 세세한 묘사는 주변의 가시적인 환경을 상세히 보여준다. 분리와 증식, 그늘 없는 조작은 세계의 복잡함을 열거하면서 해체하고 있다. 사용자에게 꼭 알맞는 그릇의 정확한 수는 반복적이면서 고갈되지 않는 즐거움을 느끼게 한다. 이런 즐거움은 가사일이나 유년의 즐거움과도 연결되어 있다……. "세상을 소형화시키는 만큼 세상을

소유할 수 있다"고 바슐라르는 말한다. 작은 것은 세상을 지
배하려는 정신의 욕구를 허용하면서 그것을 제 손아귀에 넣
는다. 세상의 영역은 측정하고 파악할 수 있으며, 지배자에
순응한다. 이것을 통해 세상은 접근 가능하고 분명하며 친숙
한 존재가 된다. 그런 측면에서 일곱 난쟁이의 집은 둥지이며
땅속 공간으로서, 간소하면서도 잘 갖추어진 이 광경 속에서
공주는 실존적 불안, 외부 공간의 위험과 시간적 요구에서 벗
어나 안식처, 피신처를 발견하며, 브루노 베텔하임^{Bruno Bettelheim}
이 말한 것처럼 모태의 공간을 본다.

젊은 아가씨가 난쟁이들 집에 피신한 동안 난쟁이들의 집
은 보호하고 양육하는 공간이 된다. 그곳에서 그녀는 여주인
공으로 탄생하기 전에, 곧 그녀의 운명이 실현될 역사적 시간
속으로 재편되기 전에 양분을 공급받는다. 이렇듯 이 게르만
동화나 러시아 동화『숲 속의 세 난쟁이』, 그 밖의 이른바 문
학의 영역에 속하는 이야기들을 살펴보면, 난쟁이들은 원조
와 부유함, 양분을 나누어주는 역할을 한다. 그런데 이것은
사실 동물들이 인간에게 나누어주는 것과 마찬가지이다.

현명하고 부지런하며 질서 정연하면서 소박한, 그리고 보
수적인 일곱 난쟁이들은 실용적 측면과 일상적인 면에서 탁

월한 능력을 보인다. 브루노 베텔하임에 따르면, 난쟁이들은
유보된 시간과 연관 관계를 맺고 있다. 이 관계는 난쟁이들의
변화에 대한 욕구 결핍에서 드러나며, 태초의, 시간 이전의,
그리고 탄생과 성장, 진화 이전의 시간을 상기시킨다. 난쟁이
들의 신화적 원천은 바로 여기에 있으며, 이것은 이들을 우주
의 순환적 시간 속으로 끌고 들어간다. 게르만 전설 속에서 7
이라는 숫자는 땅이라는 배에서 백년의 세월 동안 천천히 싹
을 틔우는 일곱 가지 금속과 연관이 있다. 우화들을 자세히
살펴보면, 이 난쟁이들의 모습은 흰 수염에 반백의 머리, 안
쪽으로 휜 무릎과 그 밖의 또 다른 노쇠함으로 표현된다. 이
것은 마치 난쟁이들의 작은 키가 어린 시절의 문제에서 비롯
된 것이 아니라, 그 모습 자체가 시간에 따른 인간의 진전을
가로막는, 영원하고 우주적이며 원초적인 시간의 공간적 · 물
리적 상황을 대변하는 듯 보인다. 좀더 명확히 설명하면, 나
이가 들어가면서 더해가는 이 작은 키는 인간 또는 영웅이 가
진 어떤 한계로서, 노력의 요구와 수동적 안락이 경계를 이루
는 지점이다.

이 작은 신성들은, 집 밖에서, 어머니-자연보다 더 방대한 내
면성 속에서, 그들과 소통하는 존재를 가진다. 노르웨이의 트
롤, 코리간, 엘프, 루틴, 놈, 이들은 모두 특히 서구에서 두드
러지게 나타나는 존재들로서, 풍부한 삶이 갖가지 형태로 존
재하는 곳, 빅토르 위고의 표현에 따르면, '모든 것이 살아
있고 영혼으로 가득 찬' 낭만적인 나라들에서 활동한다. 이들
은 바위 뒤에 몸을 숨기고 있다가 사냥꾼을 도와주거나 방해
하고, 길 가는 나그네를 혼란에 빠뜨렸다가 다시 제자리로 돌
려놓는다. 이들은 사방에서 태어난다. 땅에서 태어난 이들은
땅의 형상과 물리적 굴곡, 삶의 견고함을 지닌 자들이다. 그
리고 이들은 그곳 ─ 스칸디나비아 지방의 지의地衣, 바비에르
의 산악 지역, 갈이나 브르타뉴 지역의 깊은 산속과 신비한
호수들 ─ 의 거주자들이다. 이곳은, 고대부터 이어져 내려오
며 신플라톤주의자들인 마크로브Macrobe, 필론Philon, 연금술사들
과 파라켈수스Paracelsus, 1493~1541, 스위스의 연금술사가 정립한 이론에 따
르면, '난쟁이들의 성향과 위치, 마술적 출현이 예정된' 장소

들이다.*

셋이나 일곱 명으로 동화와 전설에 등장하는 이 작은 인물들은, 태초, 특히 게르만이나 켈트 족의 신화 속에 나오는 신화적인 '위대한' 난쟁이들의 어린 형제들이다.

게르만 신화는 창세 초기부터 난쟁이들을 언급한다. 태초의 세계를 구성하는 이 존재들은 동굴에 살고, 빛의 적이자 저승 세계를 지키는 문지기들이다. 스칸디나비아 설화에 따르면, 이들은 거인 이미르의 시체를 파먹는 벌레에서 태어났다. 우리는 이 이미지 속에서 땅이 지닌 발아적 힘의 상징성을 발견할 수 있다.

땅은 이 난쟁이들을 통해서 인간적 형태를 취하는, 깊고 거대하며 설명할 수 없는 존재로, 삶 자체의 메커니즘을 숨긴 존재로 나타난다. 창조의 최초 순간에 나타나는 난쟁이들의 현존은, 더 고귀하고 강하며 풍요로운 물질인 금속 속에서 질료가 가진 근본적 비밀을 증언한다. 금속을 능숙하게 단련할 줄 아는 난쟁이들은 금이 만들어지는 비밀을 감추고 있다. 이 완벽한 풍요의 상징 속에서 이들은 또한 마술처럼 얼마간 서

* G. 라스코, 『서구 예술 속의 괴물』, 파리, 클린크시크, 1973, 134쪽.

사적 영웅들에게 양분을 공급할 것이다.

그리고 그 활동은, 사물의 감추어진 이면에 대한 원천적 지식 속에서, 그리고 신비한 힘에 대한 지식 속에서 이루어질 것이다. 또한 난쟁이들이 보유자이자 지킴이가 되는 가상의 보물들 속에서, 작은 키와 마법의 힘들 간에 관계를 설정하는 금 자체의 반짝임 속에서 이루어질 것이다.

알베리히, 금속의 싹, 마법 같은 양육 |

알베리히는 탁월한 놈*으로 Albe-Rich로 나누어 쓰는데, 게르만어로 '꼬마 악마의 왕'을 뜻한다. 지하 세계에서 나온 알베리히는 물질 관계에서 견고함과 자성을 지니고 있다.

어둠의 창조물인 알베리히는 빛을 두려워한다. 안색은 창백하고 가슴은 새 가슴뼈 모양을 하고 있다. 아주아주 늙어서 — 거의 500살 정도로 — , 수염이 텁수룩하고 몸이 굽어 있

---

* 놈gnome은 16세기 연금술사 파라켈수스가 처음 이름을 붙이기 훨씬 전부터 존재해왔다. 이 이름은 '앎'을 뜻하는 그리스어 gnosis에서 온 것으로 추정된다. 왜냐하면 놈은 부와 권력과 지식의 비밀을 아는 자이기 때문이다.

지만 땅딸막하고 다부진 몸집에, 깊고 빈 공간 속을 뛰어다니는 놀라운 유연함을 지녔다. 무용담인 니벨룽겐에는 갑옷을 입고 모자를 쓰고 금으로 된 채찍을 들고 다니면서 보물을 지키는 그의 모습이 잘 표현되어 있다. 알베리히는 마법의 물건들을 소유하고 있다. 투구인 타른카프, 힘의 상징인 허리띠, 몸을 보이지 않게 하는 망토, 후드 모양의 모자는 인간인 그의 작은 형제들이 물려받을 것이다. 그리고 반지는 그 위의 보석을 돌리면 눈이 부시게 빛난다. 알베리히의 작은 키는, 필요할 때 영웅을 도와주는, 깊은 삶의 힘들을 활성화시키는, 어두운 힘의 귀중한 싹을 틔운다.

하지만 영웅은 먼저 알베리히를 무찔러야만 한다. 마치 영웅 자신을 양육했고 그를 숨막히는 곳에서 썩어가게 만든 난쟁이 레진을 무찌른 것처럼, 마치 영웅이 자신을 매혹시킨 물질적이고 손쉬운 부유함의 주체가 되어야만 하는 것처럼 말이다. 패배한 알베리히는 보물과 황홀한 성의 문지기로서 영웅을 지속적으로 도와주는 존재가 될 것이다. 영웅에게 군대가 필요하면 그는 3,000의 군대를 내어줄 것이다. 금은 어떻게 될까? 라인 강 속에 숨겨진 보석은 원래 알베리히의 것이다. 알베리히는 영웅에게 변함없는 보물의 제공자이다. 하지만 아무리 유명한 왕이라 하더라도, 알베리히의 역할은 영웅의 보조자이며 보물의 보관자이자 봉헌자일 따름이다. 영웅에 대해 알베리히는 독립적이면서도 보조적인 관계를 유지한다. 이것은 결코 한계를 극복할 수 없는 할당된 몫 같은 것이다. 시간의 흔적 속에서 알베리히는 아무런 전망 없이 자기 동료들과 마찬가지로 작은 키에 머물러 있다. 알베리히는 스치는 물과 시간의 흐름에 닿지 않은 채 언제나 노인의 모습을 하고서 라인 강 속에 숨겨진 자신의 보물 위에 앉아 영원히 그것을 지킬 것이다…….

켈트 족의 놈

흰꼬리 사슴이나 학 또는 야생 오리 위에 올라탄 튜튼 족의 엘프는 6세기와 10세기 사이 색슨이나 덴마크 침략자들과 함께 영국 땅에 도착했다. 이들은 여기서 같은 질서의 또 다른 재능들을 발견하였다. 이 작은 신성들은, 어머니-대지의 숭배 대상체나 이전의 숭배물들에 연결된다. 서구 유럽에 켈트 족들이 도착해서 이 난쟁이들과 함께 뒤섞일 때에도 그렇다.

엘프와 같은 게르만의 동료들처럼 켈트 족의 코리간들은 골 지방의 호수 깊은 곳이나 보물이 쌓여 있고 그 입구는 고인돌로 막아놓은 지하 동굴에서 산다. 이것은『코리간의 동굴 La Grotte des Korrigans』이라는 동화에 나와 있다.

이 이야기의 영웅인 사이그 르 쿼레라는 이름의 가난한 구두수선공은 어려움 속에서 아이들을 키운다. 어느 날 그는 보물이 감추어졌다고 알려진 어떤 동굴의 틈 속으로 잠입해 들어간다. 그리고 거기에서 잊을 수 없는 광경을 보게 된다. 한 무리의 난쟁이들이 금을 팔에 안은 채 왔다갔다하며 온종일 그 보물들을 지키고 있었다. 이들은 풍요와 죽음의 여신인 대지의 어머니-여신의 남편이자 스스로 난쟁이이기도 한 왕 앞을 지나면서 경배를 드린다.

그렇다면 난쟁이들이 사는 이 지하의 특성, 곧 이들이 자연의 어두운 힘과 맺는 풍요로운 관계는 어떻게 더 잘 표현되어 있는가? 사이그 르 쿼레는 인내심이 별로 없었고, 이 때문에 나쁜 결과가 초래된다. 쿼레의 촛불이 꺼질 때, 그는 자신이 이 동굴을 떠나야만 한다는 사실을 안다. 하지만 몸이 보이지 않게 만드는 반지 덕분에 갖게 된 한 아름의 금과 귀중한 보석에도 만족하지 못한 그는 동굴 안의 보석을 전부 차지하기 위해 나머지 삶을 거기서 보내게 될지도 모를 결심을 한다. 난쟁이 왕은 그에게 이렇게 말한다. "너는 금을 원하니 그만큼 가지게 될 것이다. 내가 너에게 명하노니, 네가 숨이 막혀 시체로 썩을 때까지 금 무더기 속에 파묻혀 있을지어다." 게르만 이야기보다 켈트 족의 이야기들에는 무엇보다 난쟁이와 죽음의 관계가 강조되어 있다. 어머니-여신은 그럼에도 그의 목숨을 살려주지만 그는 다시 빈손으로 가난한 구두수선공으로 돌아오며, 지나친 탐욕으로 부자가 되려다 목숨을 잃을 뻔했음을 깨닫는다.

물리적 측면에서 볼 때, 켈트 족 난쟁이들은 유별난 특성을 지니고 있다. 이들은 물질보다는 공기를 통해 모습이 드러나며 놈들보다 삶을 더 즐긴다. 놈들이 용모와 느낌에서 항상 기형적이라면, 켈트 족 난쟁이들은 보통 매우 아름다운 모습을 하고 있다.

켈트와 게르만의 전통과 화려한 그리스도교가 만나는 지점에서, 프랑스 문학의 가장 흥미로운 인물 중 하나인 오베론은 정신의 여행을 제공하면서 난쟁이들의 영양적 기능을 영속화시킬 것이다.

오베론, 정신의 양식

『보르도의 위옹과 난쟁이 오베론의 이야기L Histoire de Huon de Bordeaux
et du nain Aubéron』는 안타깝게도 잊혀졌던 18세기 서사시이다. 이
작품은 수련 중인 기사와 모든 것에 궁금증을 지닌 오베론이
란 이름의 난쟁이 이야기를 다루고 있다. 오베론은 후덕하고
인심 좋은 난쟁이들의 갖가지 모습들을 재현하는 존재이다.
친근하고 힘이 센 그는 마법의 물건들을 지니고 영웅이 위험
할 때 도움을 주기 위해 나타난다. 하지만 오베론이라는 인물
은 또한 난쟁이로서, 측정치라는 매개체를 통해 인간 본성에
은유적으로 제시되는 한계를 충분히 보여준다.

오베론의 출생은 화려하다. "그는 줄리어스 시저와 요정 모
르간의 아들이다. 또한 오베론은 자신의 이름으로 '기름, 소
금, 성유, 세례'를 행하는 예수의 친구이기도 하다."

마법으로 오베론은 세 살 때 난쟁이 꼽추가 되었다. 그래서
너무나 작지만 '마치 여름날의 태양처럼 잘생겼고', 의복은
양 늑골 쪽에 순금 줄무늬가 새겨진 비단 옷을 입고 있다. 이
것은 평범한 난쟁이들의 푸른 반바지와 붉은 모자 차림새에

서 한층 발전한 것으로 볼 수 있다. 오베론은 사람의 마음과 생각을 읽는 능력이 있고, 자기 마음대로 장소를 움직이고 먹고 마신다. 또 천국의 비밀을 알아 늙지도 않으며 자신이 원할 때에만 죽는다.

오베론*은 전사들로 가득한 멋진 왕국인 요정 나라의 왕이다. 그리고 그 부유함은 이루 헤아릴 수 없을 정도이다(이것은 틀림없이 니벨룽겐의 추억 때문이리라『니벨룽겐의 노래』에서 오베론은 땅속에 묻힌 니벨룽겐의 보물을 지키는 난쟁이로 나온다). 물론 알베리히처럼 마법의 물건과 힘을 지니고 있다. '그의 목에는 상아로 만들어지고 얇은 금띠로 장식된 멋진 뿔피리가 있어' 그 소리가 울리면 한 무리의 군대가 정렬된 상태로 나타난다. 오베론은 결코 비지 않는 큰 잔과 무적의 갑옷을 가지고 있다. 그 갑옷은 신비하게도 덕성스러운 행동의 도덕적 상황 속에서 그것을 걸치는 자의 키에 저절로 맞춰진다. 양력을 지니고 있고 보호도 되는 이 물건들은 영웅 위옹에게 값진 선물이 된다.

사라센 족장의 어금니와 수염을 차지하려는 위험한 정복

---

* 셰익스피어의 『한여름밤의 꿈』에 나오는 푸른 난쟁이 오베론은 무훈시가의 도덕적 인물과는 별다른 상관이 없다. 그는 오히려 궁정 난쟁이, 무례하고 요란스러운 가상의 인물과 연관이 있다.

전쟁으로 화가 난 샤를마뉴를 달래는 어려운 임무를 맡고 동양으로 출발한 이 영웅은, 깊은 숲속에서 '키가 아주 작고 오베론이라 불리는' 난쟁이를 만난다. 두 인물은 우정으로 엮인다. 오베론은 위옹에게 자신이 필요할 때면 '빛처럼 빠르게' 달려온다. 위옹이 사라센인들과의 대결에서 어려움에 처했을 때 순식간에 달려온 오베론은 엄청난 수의 군대를 이끌고 나타난다. 거인 아가파르와 오르귀예가 장애물로 나타나자, 오베론은 순식간에 나타나 도움을 준다.

하지만 이런 개입은 또한 한순간에 중단될 수 있다. 자신의 약혼녀인 아름다운 에스클라르몽드와 함께 유럽으로 가는 배에 올라탄 위옹은 용감하지만 인내심이 없다. 결혼의 즐거움을 너무 일찍 맛본 것이다. 이후 오베론은 위옹의 부름에 묵묵부답한다. 이런 유혹들에 휘둘리지 않는 오베론은 분명히 형식주의자이고, 위옹은 이로 인해 고달픈 경험을 하게 될 것이다.

이 영웅은 먼저 스스로 노력하는 상황 속에서만 난쟁이의 도움을 구할 수 있다. '하늘은 스스로 돕는 자를 돕는다'고 그의 스승이자 안내자이며 대화 상대자이고 수호 천사인 정신의 양육자가 소리쳐 말한다. 우주적 풍요로움처럼 초자연

적인 하늘의 선물은 무언가를 대체하는 것이 아니라 도움의
형식으로 주어진다.

오베론 없이 보르도의 기사 위옹은 존재하지 않는다. 요정
들의 왕인 그는 중요한 역할을 담당하고 있다. 오베론의 기능
은 절대적으로 없어서는 안 되는 것이지만, 그럼에도 위계상
으로 보았을 때 위옹보다 하부의 위치를 차지한다. 영원에 의
해 멈추어진 오베론의 키는 결코 그에게 허락되지 않는, 영웅
을 위한 중심적 자리 주변에 서 있게 한다. 오베론은 왕이자
요정이며 영원한 자이다. 그러므로 그의 삶은 영웅의 삶과는
반대이다. 영웅의 자연스런 삶의 결정체는 오직 자아 실현을
통해서만 나타난다.

영양을 섭취하고자 하는 욕구의 시기가 지나면, 영웅은 나
중에 치명적일 수도 있는 이 풍요한 안락의 수동성에서 벗어
나야 한다. 그는 이 시간 속으로의 침입을 뜻하는 출생을, 이
공간 속으로의 침입을 뜻하는 성장을 허락해야만 한다. 출생
과 성장, 이 두 요소는 그를 개인성의 고독으로 밀어넣게 될
것이지만, 반면 그에게 자신의 형체로써 세계 속에서 나름의
자리와 정체성을 획득할 수 있도록 해줄 것이다. 영웅은 보조

적인 모태적 시간과 단절하는 데 동의해야 하고 고독과 노력이 있는 삶의 시간을 받아들여야만 한다. 여기서 우리는, 특히 이집트의 예에서 볼 때, 산모의 침대에 새겨진 탄생을 주재하는 신 베스가 실은 난쟁이의 신이라는 사실을 이해하게 된다. 풍요의 형상인 그의 존재는 미분화된 안락한 곳으로 물러나려는 욕망을 쫓아냄으로써 출산을 순조롭게 하는 데 기여한다. 베스의 작은 키는 이런 욕망의 이미지 자체이다.

어머니-자연 안으로 들어가려는 퇴보에 대한 유혹, 내면의 안락에 대한 매혹, 풍요로움, 마법의 힘이 갖고 있는 편리함, 요약하면 바로 이것이 상상적 난쟁이들의 모습이 의미하는 것이다.

난쟁이들의 이미지는 긍정적으로 남아 있고, 그 역할은 익살꾼에 가깝다. 반면 영웅은 자신의 운명을 향해 나아가기 위해 배려의 시간에서 벗어난다. 그리고 어쨌든 난쟁이들의 상상적 성향은 자신들에 대해 불안과 욕망의 비공격적 투영을 만들어낸다.

그런데 순전히 상상 속의 존재들과 역사에 실재했던 난쟁이들은 어떤 관계가 있을까? 어쨌든 작은 키가 불러오는 상상에서 비롯되는 어떠한 관계가 성립될 수 있을까?

이러한 관계를 가치 있게 만들면서 그 책임을 떠맡고 있는 것은 바로 문학이다.

궁정의 난쟁이, 문학을 통해 의미를 얻는 현실

중세 유럽의 서사 문학에는 난쟁이들이 수없이 등장하고 작품에 활용된다. 가장 일반적인 유형은 아서 왕을 다룬 소설들에서 나타나지만, 독일 문학의 고전적 인물로 등장하기도 한다. 난쟁이들이 이야기 속에서 맡은 기능은 역사적 사실 속에서 난쟁이들이 맡은 사회적 역할의 반영이며, 소설적 재현으로 의미가 덧붙여짐으로써 그 역할이 증가된다. 궁정을 다루는 서사적 이야기들은, 이 의미를 해석하는 데에서 매우 굳건한 의미론적 구조를 지니고 있다. 이 의미 구조는 가치적 측면에서 텍스트의 해독을 용이하게 만든다. 여기에 등장하는 인물들은 극중에서 성격적 특성을 지니지 않고 하나의 진정한 '위치'에서 어떤 역할을 수행한다. 기사들은 용감하고 궁정에서 살며, 숫처녀들은 순수하고 사랑스러우며, 거인들은 호전적인 성향이 있다. 그러나 이미 살펴본 것처럼, 난쟁이가 된다는 것은 어떤 직업을 가진다는 것을 뜻한다. '작은 키는 난쟁이들에게 현대인에게는 낯선 기능을 부여하였고', 허구의 작품들은 이 직업을 밝힘으로써 난쟁이들의 전형을 보여준다.

그렇다면 난쟁이는 어떤 심리적 의무를 지고 있는가? 작은 키로 인한 기형적 외관, 다시 말해 오늘날 우리가 과학의 진보로 수정할 수 있다고 믿는 이 독특한 모습은 무엇을 재현하는 것일까? 무엇보다 이야기들은 난쟁이들에게 어떤 이미지를 부여하는가? 추하고 거만하며 자만심 강한, '부풀어 오르고' '땅딸한' 몸뚱이를 가진 이 문학의 난쟁이는 이중의 얼굴을 보여준다. 하나는 지나치게 눈에 띄지 않는 하잘것없는 역이고, 다른 하나는 악마적인 것이다. 그리고 이 두 얼굴은 죽음이라는 같은 형상 아래에서 서로 만난다.

'형체', 얼굴 없는 난쟁이

다음 장면은 누구에게나 위험한 공간인 숲에서 펼쳐진다. 골족 뒤르마르는 아일랜드의 여왕을 좇아 떠나다가, 자기 몸집에 어울리게 작은 말을 탄, '아주 못생기고 항아리보다 더 검고 꼽추에다 얼굴이 쭈글쭈글한' 난쟁이를 발견하고는 잠시 동안 말머리를 돌린다. 난쟁이는 추한 겉모습에도 백마를 타고 있었고, 부유한 옷차림에 잘사는 인상을 풍겼다.

난쟁이에게 길을 물으러 뒤쫓아간 뒤르마르는, 이상하게도 그를 '형체^{figure}'라 부르면서 인사한다. 난쟁이는 불같이 화를 내며 아무 대답도 하지 않는다. 계속 그를 따라가던 우리의 기사는 또 다른 난쟁이를 만나고 아까처럼 소리쳐 부른다. 그러자 이번 난쟁이는 그 호칭이 뜻하는 노골적인 멸시에 예민하게 반응하며 화를 낸다. '형체'라는 이름은, 만일 같은 시기에 나온 작품 『아담의 놀이$^{Le Jeu d'Adam}$』에 이 단어가 쓰이지 않았다면 그 의미를 알 수 없었을 것이다. 이 책에서 '형체'는 신을 지칭하는데, 어원적으로 '재현'이라는 뜻을 지닌다. 이 책에서 신의 재현은 아마도 저자를 말하는 듯하다. 이를테면 인물에 대한 정체성을 요구하지 않으면서 다만 모호하게 닮은 존재, 희미한 밑그림 같은 것 말이다.

이제 우리는 좀전의 난쟁이의 반응을 이해할 수 있다. '형체'는 난쟁이에게 할당된 명칭으로서, 그가 보잘것없다는 것을 뜻한다. 오랜 동안, 난쟁이의 기형에 붙여진 특유의 합성

명사는 이런 의미를 드러내는 역할을 한다. 난쟁이는 꼭 자신의 고유한 이름 앞에 '난쟁이'라는 수식어를 달고 다닌다. 결코 혼자 나타나는 법이 없고, 또 사회의 일원으로 나타나지도 않으며, 더불어 사회와 완전히 분리된 존재로 표현되지도 않는다. 난쟁이는 기생적이고, 언제나 다른 누군가에 붙어 있는 존재다. 거인, 오만한 기사, 복잡한 감정을 지닌 왕 등, 난쟁이는 이 인물들과 함께 도덕적·물리적 의미에서 예외적인 심리적 크기를 공유한다. 언제나 하인 역할을 하는 그는 집안의 잡다한 일을 떠맡으면서, 주인의 연장이자 촉수이며 부속품이 된다. 기형에 대한 어떤 감정이 늘 그를 따라다닌다. 그리고 이로써 그의 이름을 지정하는 데 망설이게 된다. 때로 난쟁이에 대한 어떤 묘사는 이 용어가 뜻하는 것과 정반대되기 때문이다.

'지독한 모험의 성'에 도착한 랑슬로^{프랑스 무훈시 『랑슬로, 수레 탄 기사』}^{의 주인공}는 그곳 난쟁이에게 질문을 던지지만 난쟁이는 재빨리 대답하지 못한다. 그는 아무렇지도 않게 난쟁이의 머리를 벽에다 짓이긴다. 이뱅은 난쟁이를 문에다 던져버린다. 이 밖에 또 다른 기사는 난쟁이의 머리채를 잡아서 바닥에 내던진다. 이런 행동들은 영웅들에게서 공통적으로 나타난다. 분명 영웅들의 일상적 태도는 약한 자들을 보호하는 것인데도, 난쟁이에 대한 태도는 폭력적이고 야만적이다.

따라서 난쟁이는 폭력과 불안을 야기하는 감정, 프로이트가 '불안한 이질감'으로 표현한 불확실한 감정과도 관련이 있다.

불안한 이질감

굳이 정신분석학 연구라는 수식어를 붙이지 않더라도, 역사적 현실의 반향인 문학적 재현들과 프로이트^{Sigmund Freud, 1856~1939}가 '불안한 이질감'이라 부른 매우 특별한 감정에 관한 글을 살펴보는 것은, 궁정 난쟁이의 모티프를 드러내는 데 도움이 될 것이다. 이 정신분석학자가 숙고한 첫 단계는 우리가 어떤 대상을 처음 만날 때 인식하는 그 대상에 대한 불확실성이다. 프로이트는 이것에 대한 한 예로, 호프만^{Ernst T. A. Hoffmann, 1776~1822, 독일의 작가}의 동화에 나오는, 겉보기에 살아 있는 생물체처럼 보이는 유명한 인형 올림피아를 제시한다. 프로이트는 이 인형의 예를 통해, 불안한 이질감이란, 일단 머리 속으로 들어

온 대상에 대한 지적인 불확실성에서 생긴다는 사실을 발견한다. 이 감정은 인형의 경우처럼 살아 있는 것과 비슷한 존재들과 마주할 때 생성되며, 판단의 지표들을 흐릿하게 만들고 환각을 가져다 준다. 이런 상황에 처한 사람은 환상의 영역에서 나타나는 특질인, 지독히 불편한 감정 속에 빠져든다. 그는 자신이 어디에 있는지 알지 못한다.

지적인 불확실성에서 비롯한 감정을 난쟁이의 경우에서 보았던 '형체'에 대입시켜 생각해볼 수도 있다. 살아 있는 것과 정상적인 것의 범주를 치환하면 두 가지 개념은 완벽하게 전환된다. 난쟁이가 뒤르마르에게 불러일으킨 것도 이러한 감정이다. 또 이것은 마치 호프만의 인형이나 동상들, 더 일반적으로는 로봇이 불러일으키는 감정과도 같다. 그러므로 난쟁이가 역사 속에서 행한 역할은 불행한 장난감이 아니었다. 역사는 이것을 증명해준다.

한편 프로이트는 사물을 표면적으로 인식하는 데 머물지 않는다. 프로이트는 이러한 감정을 표현할 독일어 단어를 찾기 위해 흥미로운 언어학적 연구를 시도한다. 그리고 불안한 이질감은, 인간의 의식에 친밀하지만 그 감정이 드러나는 숙명적 순간까지 감추어진 어떤 것의 정체가 갑자기 밝혀지는

상황과 관련이 있다는 결론을 내린다. "알려져 있지만 어둠
속에 남아 있고 그러다 튀어나오는 어떤 것."* 어떤 위조품에
의해 만들어지는 지적인 불확실성 덕분에 의식에서 튀어나오
는 억압된 어떤 것, 그것은 바로 죽음이다.

악의 부여

생물학적 · 환상적 괴물들이 맡은 일반적 임무는 인간이 느끼
는 의식의 불안감을 활용하여 거기에 '악'이라는 표현을 슬
그머니 밀어넣는 것이다.

　중세 사회처럼 행동과 생각의 일치를 중요하게 여긴 시대
에, 형태적으로 뒤틀린 난쟁이는 필연적으로 그 행동이 음흉
한 것으로 여겨진다. 무의미한 난쟁이의 존재는 또한 위협적
이고 거만하며 까다롭고 유식한 체할 뿐만 아니라 자만심이
강하고 심술궂다. 그의 성격적 특징에 대한 모욕은 종종 동
물, 다시 말하면 애완견에 대한 욕설과 비슷하다. 그들에 대

---

* S. 프로이트, 『기이한 불안감』, 파리, 갈리마르, 1985, 222쪽.

한 물리적 묘사는 천편일률적이다. 그러므로 랑슬로의 다음 묘사는 난쟁이에 대한 당시의 일반적 태도를 보여준다. "그는 너무나 작고 기형이며 마르고 납작코다. 그리고 눈썹은 붉고 말라 오그라들었으며 머리는 회색이거나 검으며 헝클어져 있다. 수염은 붉은색을 띠고 있다. … 어깨는 높이 솟아 구부정하고 커다란 혹이 앞뒤로 두 개 붙어 있다. 다리는 짧고 척추는 길고 뾰족하며 손은 두껍고 손가락이 짧다."*

난쟁이의 외모에 상응하는 행동은 완전히 반규범적이다. 문서에는 사회 침탈의 가장 심각한 범죄들이 이들의 행동으로 기입된다. 난쟁이는 약자들과 여자들, 부상당한 자들을 공격한다. 아서 왕의 부인인 귀네비어 여왕은 자신의 시녀와 함께 숲 속으로 말을 타고 가다 갑자기 "손에 가죽 채찍을 든 위협적인 난쟁이를 만났는데, 그 난쟁이가 처녀를 때리기 시작한다. 그는 맨 손으로 시녀를 후려갈겼고 얼굴에 상처를 입혔다".** 틀림없이 그는 산속의 거인 하르핀에게 잡힌 기사들을 데리고 다니면서 채찍질하는 난쟁이와 비슷한 부류일 것

* J. 불랑제, 『원탁의 소설들』, 파리, 플롱, 1941, 1권, 261쪽.
** 크레티앵 드 트루아, 『에레크와 에니드』, 파리, 갈리마르, 1970, 40쪽.

이다. "가죽 부대처럼 부풀어 오른 난쟁이는 사내 넷을 말 꼬리에 매달아 데리고 가면서 여섯 갈래로 꼰 채찍으로 끊임없이 내리쳤다. 네 사람은 피를 흘렸다. 이것이 난쟁이가 맡은 일이었다. 난쟁이가 그들을 어찌나 세게 때렸는지 기사들은 온통 피투성이였다."•

난쟁이의 특징은 신체적 · 사회적 · 도덕적 결함들로 요약된다. 그리고 난쟁이를 정의하기 위해 중세가 택한 것은 '부풀어 오른' 이미지였으며, 당시의 많은 글에서 이것을 발견할 수 있다.

사자의 기사 이뱅은 이번에는 '두꺼비처럼 부풀어 오른 증오에 찬 난쟁이'를 만난다. 고뱅은 '지옥처럼 부풀고 악취가 나는' 또 다른 난쟁이를 죽인다. 프로신이라는 이 난쟁이는, 마르크 왕의 어릿광대로 트리스탄과 이졸데가 다시 만나는 장면을 보는 순간 두려움으로 얼굴이 검어지고 분노로 몸이 부풀어 오른다.

팽창되고 부풀어 올라 악취를 뿜어내는 내면의 부패는 푸르죽죽한 안색을 만들고, 이것은 지옥의 색들로서 지옥의 초

• 크레티앵 드 트루아, 『사자의 기사 이뱅』, 파리, 갈리마르, 1970, 312쪽.

상화를 그리기 위해 난쟁이에게 부여된 색의 조화이다. 중세
시대에 '작고 시커먼 남자'의 특징은 사탄의 부하 중 하나로
비쳐진다.

그래서 사람들이 망설일 때 불투명하게 스치는 실루엣, 달
아래 납작하게 스치는 평면의 얼굴은 끔찍한 모습을 띠고 있
다. 운신하기 편한 작은 키는 벽걸이천 뒤나 후미진 계단의
비밀스러운 장소 그리고 침실 안쪽 등에서 무언가를 엿들을
때 용이하다. 이제 난쟁이의 부속적인 기능은 상상적인 것의
원천 속으로 촉수를 뻗는다. 오락꾼에서 대화 상대자로, 대화
상대자에서 고문으로, 고문에서 정보 공급자로 난쟁이는 어
둠의 왕국과 관계하면서 불가사의한 힘을 획득한다. 난쟁이
는 거기 마법의 어두운 영역 속에서 자신의 상상적 동료들과
조우한다. 뒤르마르에 의해 감지된 뚜렷한 불확실성은, 사실
이면의 위협적 세계들이라는 확정성을 감추고 있는 것이다.

프로신, 악마의 얼굴 |

프로신은 베룰^{Béroul}의 소설 『트리스탄』에 나오는 마르크 왕의

점성술사 난쟁이이다. 그는 궁정에서 유명한 인물로서, 왕의 곁에서 상당한 영향력을 지닌 고문관의 역할을 수행한다. "이 꼽추 난쟁이는 일곱 가지 기술과 마법 그리고 모든 종류의 주문에 통달했다." 트리스탄과 이졸데는 자신들의 비밀스런 사랑이 발각되지 않을까 그를 두려워한다. '아름다움과 용기를 싫어하는' 프로신은 맹세코 이들의 사랑이 실패하도록 만든다. 성공에 성공을 거듭하는 끔찍한 음모로 그는 이 연인들을 놀라게 할 계획을 세운다. 그러고는 밤에 정원에서 별 무리의 움직임을 살핀다. "달에 주의를 기울이는 이 난쟁이는 연인들이 만나서 즐거움에 몸을 떠는 모습을 발견한다." 결국 예언의 힘에 의해 이 소식을 전해들은 왕은 조치를 취해서 이들 연인에게 벌을 내린다.

가시적 구현체인 놈처럼 이 난쟁이는 또 다른 세계와의 관계를 통해 세계를 이해한다. 프로신은 마녀와 마법사와 같은 부류이다. 자연과 마음의, 위력적인 힘을 지니는 비밀들을 알고 인간의 미래와 관련된 비밀까지 꿰뚫어본다. "모든 인간들의 운명을 난쟁이인 내가 쥐고 있네." 세계의 거대한 원천들을 환기시키는 견자인 뵐루스파는 이렇게 외쳤다.

마르크 왕의 난쟁이 프로신은 세습의 지식을 손에 쥐게 된다. 그는 "왕에 관련하여 그만이 알고 있어야 하는 비밀을 알았다."

그렇다면 이 비밀은 무엇이고 이 내면성의 기이한 분배는 어떤 성격을 지니는가?

왕의 일부분 : 비판적 난쟁이 |

왕이 지닌 절대성을 이해하고 더불어 난쟁이의 역할이 사라진 시기가 절대왕권이 무너진 때보다 약간 앞선다는 점을 생각하면, 왕과 난쟁이라는 역사적 커플은 키의 연구에서 재미있는 방식으로 이해될 수 있다.

유럽의 역사에서는 르네 당주^{Rene d'Anjou, 1409~1480, 나폴리의 왕}나, 루이 12세 또는 프랑수아 1세 같은 왕들의 익살꾼들을 통해 이 사실이 드러난다. 난쟁이들은 왕의 반지로 묵직해진 권위의 손이 그들에게 허락한 바에 따라, 빈정거리는 말투로 왕에게 무례하게 굴고, 왕좌와 아주 가까운 거리에서 그들을 조롱했다. 대신들이나 고관들이 최고 복종의 예를 표할 때 이들은 거의 완전한 무죄의 혜택을 누렸다. 그렇다면 심리학적 용어로 이 두 인물 사이에는 어떤 부분이 작용할까? 만일 심리적 크기의 영역에서 이 은밀한 협약이 이루어지지 않았다면 말이다.

권위의 절대적 특성은 그것을 행사하는 사람의 정체성에 손상을 입혀야만 제대로 작동한다는 것이다. 여기서 왕이라는 자아는 스스로 타인이나 외부 세계와 적절한 한계를 짓지 못한다는 개념이 도출될 수 있다*. 우리는 이것을 통해 집착적이고 과도한 나르시시즘의 현존과 마주한다. 원시적이고 유아기적인 나르시시즘으로 인해 어떤 돌출부가 생겨난다. 그러면 이러한 돌출부를 받아줄 부속물, 곧 전이를 수행할 만한 어떤 내용물을 찾게 마련이다. 여기에 난쟁이가 개입한다. 그의 역할은 하찮아 보이지만 꼭 필요한, 과도하게 발달한 자아를 떠맡는 것이다. 군주는 자신의 난쟁이 덕분에 나르시시즘을 포기할 필요가 없게 된다. 난쟁이는, 군주라는 한 개인을 온전히 받아들이기에는 모자란 존재지만, 과도하게 돌출된 혹 같은 이 부분을 받아들이도록 위임된다. 난쟁이는 단순

---

* "짐이 곧 국가다"라는 루이 14세의 말을 생각해보자. 이 군주가 문제의 인물은 아니라 하더라도 말이다. 왜냐하면 프랑스 궁정에서 난쟁이의 역할을 없앤 이가 바로 루이 14세이기 때문이다.

히 군주라는 자아의 잉여를 가시적으로 받아들이는 존재가 된다. 곧, 군주의 '작은 일부분'이 된다.

한편 궁정 난쟁이의 부속적 역할을 강조하는 이 표현은 정반대 영역에서의 역할 수행을 뜻하기도 한다. 무엇보다 이 역할은 정반대의 놀이 속에 위치해 있다. 신체적으로 기형이며 복제된 인격의 이 존재는 왕의 형태를 더욱 부각시키고 자신의 무의미로 왕의 존엄성을, 자신의 유희적 성향을 통해 권력의 엄숙함을 더욱 가치 있게 만든다. 난쟁이의 역할이 바로크 시대, 특히 도착과 심오한 거울 연기가 만연한 16세기에서 17세기 유럽에서 성행한 것은 우연한 일이 아니다. 이 대위법적 구조는 난쟁이의 광대놀이, 특히 이 역할의 흥미로운 비판적 특성에서 절정을 이룬다. 놀이꾼의 어릿광대짓은 종종 불손했다. 왕좌 주위를 빙빙 돌며 뛰어다니는 그는, 적어도 자의적인 왕의 견해를 교정하면서 부당한 결정, 과도한 형벌을 비난하는 수준에까지 이른다.

이것에 대한 설명은 프로이트가 『불안한 이질감』에서 초기 자아의 발전 과정을 설명한 글에서도 찾아볼 수 있다. 우리는 초기 자아를 왕의 자아와 연관시켜 생각해볼 수 있다. "자아 내부에는 자아의 나머지 부분과 대립되면서 그 부분을 관찰하고 자동으로 비판하는 데 쓰이는, 그리고 정신적 자기 검열의 작업을 수행하면서 심리적 의식에서 '도덕적 의식'*으로 인식되도록 하는 특별한 심급이 점차 부각된다." 이미 살펴본 것처럼, 주로 내면성의 가정적 역할을 담당한 놈들처럼 난쟁이는 왕의 정신 건강의 하부적 역할에 종사한다. 그는 우스꽝스러움과 무력함으로 치장함으로써 절대 권력의 허락을 얻는 유일한 존재이며, 군주권에 대한 의식의 객관적이면서 익살스러운 한계 역할을 담당한다. 기형적 모습과 대립적이고 그로테스크한 행동으로 난쟁이는 왕좌를 더욱 공고하게 만든다. 미국 사회의 '의례적인 광대놀이'에 대해 조르주 발랑디에Georges Balandier, 인류학자, 아프리카학의 대부가 '야만스러운 의식'을 통해 무질서한 놀이를 하면서 사회적 질서를 확고히 한다고 지적한 것과 같은 이치다.

이미 본 것처럼 의식의 작은 재현적인 신성의 역할, 이의를 제기하고 충고해주는 역할도 마찬가지이다.

이런 식으로 서로 각별한 관계에 있는 두 인물의 정체성이 내면에서 미묘하게 형성된다. 여기서 난쟁이는 개인화된 분

* 프로이트, 『불안한 이질감』, 같은 곳, 237쪽.

신으로 나타난다. 이것에 대해 프로이트는 다음과 같이 설명한다. "이 재현들은 자아의 무제한적인 애착을 받는 영역으로 밀고 올라온다."* 나르시시즘이 깊을수록 자아에 대한 애착은 무제한적이 되며, 그만큼 분신은 중요한 존재가 된다. 이런 현상은 책임의 영역을 지나온 과거의 역할을 통해서 가장 극단적 단계를 경험하는 듯 보인다. 그 속에서 상상적인 것의 경계를 뚫고 나온 환상은 살아 있는 형태의 순수하고 단순한 부속을 통해 진정한 실현에까지 이르게 된다.

불멸의 하인

프로이트는 이렇게 회상한다. "분신이라는 주제는, 같은 제목의 오토 랑크^Otto Rank. 1884~1939. 오스트리아의 심리학자의 저작에서 심도 있게 다루어졌다. 오토 랑크는 거기에서 거울 이미지와 그림자, 수호신, 정신의 교리와 죽음에 대한 두려움이 분신과 어떤 관계에 있는지 살핀다. 아울러 이 연구에서 분신의 발전

* 같은 책, 237쪽.

과정에 대한 놀랄 만한 역사가 밝혀진다. 분신의 근원에는, 자아의 상실을 방지하는 보장, 죽음의 힘에 대항하는 원동력이 있다는 것이다. … 이 단계를 벗어나면서 분신의 신호는 바뀐다. 생존에 대한 증거였던 분신은 죽음의 불안한 전조 역할을 맡는다."▪

베룰의 소설에 나오는 신비한 조항들을 기억해보자. 그것은 난쟁이가 왕에 관한 비밀을 알고 있다고 말하는 장면이다. "마르크의 귀는 말처럼 생겼어." 자신에게 왕의 비밀을 물어보는 반역자 기사들에게 비천한 프로신은 이렇게 발설한다. 그런데 말과 죽음의 상징적 관계는 켈트 족의 신화에서도 많이 찾아볼 수 있다. 따라서 이 발설은 가장된 형태를 통해, 난쟁이가 왕의 죽음과 관련된 이야기를 하고 있음을 뜻한다. 자신의 비밀을 누설했다는 이유로, 마르크는 단칼에 이 난쟁이의 머리를 치게 한다.

우리는 여기서 난쟁이에 대한 기사들의 반응이 매우 격렬한 것을 볼 수 있다. 분신의 구현체인 난쟁이는 그들의 죽음을 인격화한 이미지이기 때문이다. 이렇게 난쟁이와 죽음을

▪ 같은 책, 236쪽.

하나로 묶는, 몇몇 신화들에 나오는 오래되고 수많은 미신들의 정체가 밝혀진다. 난쟁이는 여기에서 저 너머의 안내자, 또 다른 세계의 구현체로서 두려움의 대상이 된다. 그는 마차에 산 자들을 태워서 그 세계로 끌고 가는 존재이다. 영국 속담이 이 점을 확인시켜준다. "만일 마차를 끌고 가는 난쟁이와 우연히 마주치거든, 성호를 그으시오. 그리고 당신에게 불행한 일이 일어나지 않도록 신을 생각하시오." 그러므로 마차꾼 난쟁이를 놀리고 죽음의 마차 속에 뛰어들어, '마차의 기사' 라는 칭호를 받아들일 정도라면, 랑슬로처럼 영웅적 용기를 가져야만 하고, 그가 귀네비어 여왕에게 바치는 사랑을 찬양해야 하며, 죽음의 공포에 맞서 싸워야만 한다.

여기에 이 환희의 감정과 동화된 불안한 이질감이 존재하는 듯하다. 의식에 의해 억압된 무엇, 그러다 난쟁이를 보는 순간 튀어나오는 그것은 죽음의 긴박한 현존이다.

한편 나르시시즘에 좀더 깊이 뿌리내리고 있어서, 분신으로 하여금 '죽음에 대항하는 힘'으로서 극한까지 치닫도록 하지만 더 이상 내적 변화로 나아가지 못하는 의식에서는 가정적 봉사라는 주제가 나타난다. 난쟁이는 여기서 또 다른 세계에서 나타나는 분신, 일종의 불멸성의 하인으로서 실존적 특권, 영속성을 통해 자신의 고귀한 소유자의 인격을 보장한다. 왕과 키 큰 사람들이 난쟁이들에게 쏟는 애정, 난쟁이들과 함께하면서 보여주는 인내심, 그리고 난쟁이들의 무덤 속에서 발견되는 조각상과 그들이 난쟁이들의 묘소에 기울인 노력을 보면 이러한 해석이 믿을 만한 것임을 알 수 있다.

비록 난쟁이로 육화된 이러한 보장이 시간과 인간의 조건, 그리고 군주의 비정상적 열정과 사실상 퇴행을 뜻하는 형벌, 곧 자아의 한계를 뜻한다 할지라도, 그것은 어떤 한계를 거부하고자 하는 자아의 내면적 경향을 보여준다. 이러한 전도된 욕망의 이미지는 틀림없이 작은 키에서 비롯된 남근적 강건함과 만나면서 발전할 것이다. 그리하여 난쟁이는 무엇보다 도착된 이미지를 뜻한다. 상상 속의 놈이든 궁정 난쟁이든, 그의 치수는 퇴행에 대한 유혹이 재현하는 심리적 죽음의 옷을 재단한다.

이제 우리는 우리가 작은 키에서 벗어나고 싶어하는 이유를 이해할 수 있다. 비록 문화적 상징들을 통해 명확히 제시되지 않는다 하더라도, 소인은 역사적 맥락에서 정신 속에 혼란스레 존재할지도 모르는 상상적 세계에 화답하고 있다.

아리스토파네스^{Aristophanes, BC 445~BC 385?, 고대 그리스의 최대 희극 시인}라면 위
의 제목처럼 말했을 수도 있다.

　그렇다. 신장 측정기는 크기의 오실로그래프^{전기 신호를 가시적으로}
^{보여주는 장치} 역할을 수행하는 듯 보인다. 문학의 역사에서 참고
한다면, 16세기까지 인간적 형상은 세 단계로 고착된다. 난
쟁이와 거인들은 키의 양극단을 지키면서 어떤 이분법적 요
람을 형성한다. 창조의 숭고한 자식인 인간은 그 가운데에 자
신의 이상적인 크기를 놓는다. 모방의 체계 속에서, 측정치의
물리적 표현을 통해서, 키는 조화와 균형의 법칙에 따라 인간
의 정신적 · 윤리적 · 형이상학적 상황을 측정한다. 왜소증과
거인증 사이, 이를테면 과장과 퇴행 사이에서 인간은 자기만
의 특별한 공간을 찾는다.

　조화로운 키에 도달한다는 것은 자신에게 알맞은 크기를
얻는다는 것이다. 또한 이것은 신들이 결정한 계획에 따라 타
인과 마찬가지로 자신의 눈에 비치는 모습에서, 인간으로서
자신의 위치를 찾는 것이다.

이 크기의 도식 속에서 '키'에 대한 관찰이 이루어진다. 왜소증과 거인증은 같은 위상을 가지고 있지 않다. 난쟁이와 거인은, 똑같이 죽음을 형상화한다 하더라도 맡은 직함은 서로 다르다. 특히 본질적으로 풍요로움과의 관계를 상징하는 난쟁이는 '구조적으로' 죽음의 상징과 연관이 있다. 하지만 거인은 이와 다르다. 거인은 신의 섭리에 따라, 법칙 · 정상의 이름으로, 다시 말해 '제도적' 방식으로 이것을 상징한다.

앞으로 이 차이는 틀림없이 중요한 변화를 가져올 것이다.

제 3 장

퇴행과 위반 사이

수많은 편견을 불러옴에도 불구하고 인간의 키를 상징적으로 측정하는 수치를 얻음으로써 키에 대한 연구가 활발히 이루어지고 있다. 결과적으로 키에 대한 논의도 분분해지고 있다. 과거에 얼마나 많은 프로크루스테스들이 갖가지 편집증에 사로잡혀, 무릎을 꺾든 몸을 잡아늘이든, 키를 조작하려 했는가? 이러한 현상은 과장과 퇴행에 대한 관습을 단적으로 보여준다.

다른 한편, 내적 성취를 외적으로 표현하는 큰 키는 그 자체로 진정한 숭배의 대상이 되었다. 여기서 우리는 과거와 마찬가지로 오늘날에도 성공에 이르는 보증 수표로 여겨지는 키를 만날 수 있다.

키 : 성공의 요소

어느 시기에든, 큰 키는 성공의 요소로 인식되었고 작은 키는 극복해야 할 장애로 여겨졌다. 몽테뉴가 자기 신체의 너무나 '평범한' 특징에 대해 한탄한 구절을 한번 살펴보자. "누군가가 여러 사람들 사이에서 당신을 찾기 위해서 이렇게 묻는다면 얼마나 유감스러운 일이 될 것인가. '그분, 어디에 계시죠?'" 몽테뉴는 또 이렇게 고백한다. "나는 평균이 조금 안 되는 키를 가지고 있다. 이런 결점은 단지 외형상 단점이 될 뿐만 아니라 불편하고 짐이 되기까지 한다. 왜냐하면 훌륭한 기품과 신체적 위엄에서 나오는 권위는 큰 역할을 하기 때문이다." 그리고 더 나아가 이렇게 덧붙인다. "키의 아름다움은 인간들이 지닌 유일한 아름다움이다."[*] 예외 없이 이 힘은 그에게 어떤 반전을 가져다 준다.

가장 많은 임무가 종종 신장 측정기의 역할로 나타난다. 벌

---

[*] 몽테뉴, 『수상록』, 파리, 가르니에-플라마리오, 2권, 303쪽.

써 기원전 4세기에 페르시아 다리우스 1세[Darius I. BC 558?~BC 486]의 항해사인 시락스는 이렇게 적고 있다. "에티오피아인들은 우리가 아는 인간들 중에서 가장 키가 큰 사람들이다. 에티오피아인들의 키는 2미터가 넘는다. 어떤 이들의 키는 2미터 50센티미터가 되기도 한다. 정부의 주요 인물이 되는 자들은 바로 이렇게 키가 큰 사람이다."*

키는 어떻게 우리 시대에 일자리를 얻는 데, 월급 액수에, 정치적 성공을 얻는 행운에, 또는 감정적인 삶의 장에 개입하는 것일까?

1984년 미국에서 한 설문 조사가 이루어졌다.** 회사 사장들을 대상으로 한 이 조사에서는, 지원자의 직업적 능력과는 다른 동기, 특히 키의 영향을 부각시켰다. 임의의 자리를 두고 똑같은 자격을 갖춘 두 명의 지원자가 설문 조사자들 140명 앞에서 경쟁을 했다. 겉보기에 학력이나 의욕이 똑같은 두 사람은 신체적 조건에서 불균등한 양상을 띠었다. 한 사람은 키가 1미터 85센티미터였고, 또 다른 사람은 '단지' 1미터

* D. 브루스탱, 『발견자들』, 파리, 라퐁, 1988, 130쪽.
** M. 벤저민, J. 머이스켄스, P. 섕어, 『작은 아이들, 걱정스러운 부모들. 성장 호르몬이 해답인가?』, 헤이스팅 설문 센터, 1984년 4월.

70센티미터였다. 72%의 응답자가 키 큰 사람을 지목했고, 27%는 둘이 똑같다고 답했으며, 단지 한 응답자만이 키가 작은 사람을 선택했다!

미국에서 이루어진 또 다른 연구에서도 대학을 졸업하고 첫 직장에서 받는 월급이 부분적으로 키의 영향을 받는다는 사실이 밝혀졌다. 평균적으로 키가 큰 사람과 작은 사람이 받은 월급의 차이는, 학력이 높은 사람과 그렇지 못한 사람 사이의 월급 차이보다 세 배 더 많은 것으로 나타났다. 다르게 말해서, 학력이 같다면 키가 큰 것이 더 유리하다는 결론이다. 민간인들만이 이 불변하는 특혜의 수혜자는 아니다. 미 공군 시험에 합격한 5,085명의 사람들 중에서 키가 1미터 80센티미터 이상인 사람들은, 군에 입대한 지 20년이 지나고 나서 키가 더 작은 사람들에 비해 일 년에 2,500달러를 더 받는 것으로 나타났다. 그러므로 인력의 가치가 햇수에 달려 있지 않다면, 가혹하게도 센티미터에 달린 듯 보인다!

미국의 정책 속에서도 이런 현상은 집중적으로 드러난다. 1904년부터 미국 대통령 선거에서 민주당과 공화당이 각각 절반의 표를 얻었다고 볼 때, 8~10퍼센트 정도의 승리는 키가 큰 후보자에게 돌아갔다. 선출된 미국 대통령 중에서 제임스 매디슨^{James Madison, 1751~1836, 제4대 대통령}과 벤저민 해리슨^{Benjamin} Harrison, 1833~1901, 제23대 대통령만이 그들 시대의 평균 키에 못 미치는 신장을 가지고 있었다.

우리는 여기에서 수치를 조정하고자 하는 욕망, 무엇보다 평균에 접근하고자 하는 욕망을 읽을 수 있다. 아이들과 청소년들이 특히 이것을 원하지만, 부모들도 자기 자식들이 이른바 '정상'이라고 불리는 키를 갖길 원한다. 그런데 이들은 '정상'을 어떻게 이해하고 있을까? '정상적'이라고 할 수 있는 것은 무엇일까? 만일 다수가 요구하는 수치로 이것을 이해한다면, 정상에 대한 욕망은 바로 '키 큰' 유형이라는 뜻이 될 것이다.

키를 크게 해준다는 광고들

1950년대에는 키 크는 데 절대로 실패하지 않는 방법들을 자랑하는 간지 광고(그림 14)들이 많이 나왔다. 그렇게 해서 잡지 《히스토리아^{Historia}》의 권호들 중에서는 '후회가 있다면, 내가 왜 진작 유니버설 학원을 알지 못했는가 하는 것입니다'는

그림 14 ˈ 키를 크게 해준다는 광고(『매혹적인 인물 피에르 로티』, 크리스티앙 즈네)

말들을 심심찮게 발견할 수 있다. 또한 티오드 광고 목록에는 키를 크게 하는 미국산 기계의 장점을 자랑하며 16센티미터까지 키가 더 클 수 있다고 장담하는 광고가 있다. 광고를 본 독자들은 결국 모나코의 '키다리' 박사에게 편지를 쓰게 된다. 당시 이런 광고가 남발된 데에는 그럴만한 사정이 있다. 사실 1964년에 이 잡지는 이런 목적의 간지 광고를 5개 이상 늘 실었다. 이를테면 몬테카를로에 있는 미국 WBS에 편지를 쓰면 물렁물렁한 살을 단단한 근육으로 바꿔주고 키 또는 다리를 8~16센티미터 정도 크게 하는 방법을 — 단 16프랑에 — 배울 수 있다는 것이다. 효과가 빠르고 남녀노소 누구나 할 수 있다는 얘기도 빼놓지 않는다. 또 니스에 있는 '올림픽 40'에 편지를 하면, 몇 주 내로 새로 개발된 크림을 받아 16센티미터까지 키가 커져서 (남녀 모두 상체나 다리 부위가) 날씬하고 건강해질 수 있다고 떠벌인다. 파리 14구의 유니버설 A18은 효과가 빠르고 모든 연령대에 적용할 수 있는, '생명의 성장'으로 공인받은 과학적 방법을 개발했다고 선전한다. 물론 세계적으로 유행하는 방법이라는 말도 덧붙여 있다. 이 밖에도 여러 가지 예들이 있다. 스트라스부르에 사는 난시-리트버그라는 의사는 이렇게 공언한다. "제가 개발한 이 간단한 시스템을 이용하면 8∼16센티미터 더 키를 크게 할 수 있습니다. 비곗살을 탄탄한 근육으로 바꾸고, 키를 늘려줄 뿐 아니라 다리가 길어 보이게 할 수도 있습니다. 더 늘씬해진 당신의 모습에 놀라움을 금치 못할 것입니다! 부모라면, 자신과 아이들을 생각해보십시오!" "몬테카를로에 있는 아카데미 GT('엄청나게 큰'이란 뜻)에다 '키 크는' 방법이 소개된 책자를 주문하십시오. 한마디로 어떤 나이라도 과학적인 성장 과정을 거쳐서 4∼16센티미터 더 클 수 있는 방법을 터득할 수 있습니다. 그러면 '키가 당신에게 부여하는 권위'도 덤으로 누릴 수 있을 것입니다."

현재 이런 광고들은 사라졌다. 키를 늘리는 방법에 대한 이들의 협잡은 틀림없이 한때의 유행이었다. 하지만 이런 조치가 무익한 것이었다 해도, '어떻게 더 커질 수 있는가?'에 대한 물음은 멈추지 않을 것이다.

만일 키와 성공이 언제나 일정 정도 관련이 있다면, 현재 할리우드 영화와 광고가 만연하는 현상도 주목할 만한 일이다. 키의 혜택을 입은 미국인들의 얼굴은 곧바로 사랑의 행복과 경제적 성공에 좀더 가까이 다가간 것처럼 인식되기 때문이다.

키 크고 험상궂은 인상

키의 유행에 대해서는 파악하기가 매우 힘들다. 평균치에 대한 자료는 있어도, 통계 조사에서 세련됨에 부응하는 수치는 다룬 일이 없기 때문이다. 우리는 2미터 2센티미터의 프랑수아 1세[Francis I. 1494~1547]나 1미터 58센티미터의 루이14세[Louis XIV. 1638~1715]같이 지나치게 키가 크거나 작은 사람들을 기억한다. 이것은 영국의 헨리 8세처럼 장신이든 아니면 나폴레옹 1세처럼 단신이든, 키가 어떤 영향력을 미치는지 다시 생각해보게 한다. 그 어떤 것도 큰 키에 대해 가지는 우리 시대의 열광에 비교될 수 없다. 그런데 여기에는 아름다움에 대한 욕구가 가장 크게 작용한 듯 보인다. 앙시앵 레짐 아래에서 남녀 궁정인들의 필수품이었던 구두 굽도 이것과 관련이 있고, 머리 모양도 마찬가지이다. 몽테스키외는 『페르시아인의 편지[Lettres persanes]』에서 이렇게 비웃는다. "한때는 여자들이 머리를 너무 높이 올려서 얼굴이 몸 한가운데에 있을 정도였다. 게다가 이곳을 가득 메웠던 발도 문제였다. 굽 높은 구두 때문에 발은

페달을 밟은 것처럼 공중을 헤맸다." 이를 위해서는 특수한 부속물들이 필요했다. 키를 커 보이게 하기 위해서 구두 수선공에게는 코르크가 필요했고, 가발 제조업자에게는 쌓아올릴 머리카락이 필요했다.

나머지는 상상에 맡길 일이다.

18세기 후반부터 문화의 양상은 라틴 쪽에서 앵글로색슨 쪽으로 옮아간다. 이상적인 미의 기준은 로맨틱한 유행과 더불어 이 조류를 따라간 듯하며, 그때까지 야만적인 것으로 치부되었던 노르만 지역의 주도권 아래로 들어간다. 낭만주의의 물결을 타고 새로운 감수성과 유행이 자기만의 이미지를 만들어 나간다. 그런데 이 이미지 속에는 신비한 거인증의 여러 상징적 징후들이 나타난다. 거만하게 고독을 풍기며 산봉우리 앞에 선 말이 바람에 갈기를 휘날리며 앞발을 쳐들고 있는 것처럼 극단적 힘이나 형태, 과장된 몸짓에 대한 취향이 드러난다. 하지만 이 높이에 대한 취향이 곧바로 크기에 대한 취향으로 도출될 수는 없다.

오늘날 소비자들의 욕구가 발생하고 확산되는 것은 많은 부분 영화와 그 부속 매체들, 곧 소설, 사진, 텔레비전, 광고, 잡지 등에 기대고 있다. 여기에는 두 가지 이유가 있다. 하나는 사회 경제적 이유이고, 다른 하나는 심리적 이유이다.

제7의 예술이라 불리는 영화는 북아메리카 대륙에서 상업
적 성공을 거두며 신체적으로 앵글로색슨 형에게 엄청난 확
산의 기회를 주었다. 영화가 단번에 하나의 영웅을 만들어내
는 만큼 확산도 빨리 이루어졌다. 1918년부터 서부 영화는
전성기를 맞았다. 최초의 남성 스타들은 운동 선수 같은 체격
을 갖추었다. 존 웨인, 게리 쿠퍼, 그레고리 펙, 커크 더글러
스는 에드가 모랭의 지적처럼 '테세우스, 헤라클레스, 랜슬
롯의 후손'을 구현하는 인물들이다. 모험이나 사랑 영화의 주
인공인 리처드 버튼, 피터 오툴, 숀 코너리 등의 '제임스 본
드'들은 신화학적이고 문학적인 영웅의 고전적 이미지에 충
실하다. 이들의 이상적인 육체는 이상적인 정신을 반영한다.
이들의 신체적 특징은 영웅들의 성향과 연결된다. 이들은 잘
생기고 키가 크고 용감하며 사랑받을 만하다. 반면, 도스토예
프스키 식의 표현으로 '백치 같은' 희극 배우들은 순진무구
하고 단순하며 성적인 매력이 없고 비굴하며 소심하고 얼빠
져 보인다. 이것을 반영하는 인물들로, 〈라일라의 문^{Porte des}
^{Lilas}〉에 나오는 주주, 샤를로트, 스탠 로렐이 있으며, 이들은
모두 키가 작다.

그림 15 제1호 제임스 본드인 숀 코너리와 미국인의 우상 존 웨인

이렇게 영웅의 가시적 유형은 조직되고 만들어진다. 또한 실험적 방식으로 이미지를 통해서 보면, 마음씀씀이가 큰 남자는 키가 큰 남자로 나타난다. 과거에 우리가 늘 꿈꿔왔던 그 모습으로 그는 나타난다.

이미지를 통제하는 미디어

정신은 말의 감시보다는 이미지의 감시에서 벗어나는 것이 훨씬 더 어렵다. 독서의 세계는 자유롭다. 독서를 하는 사람은 이런저런 인물들을 상상하며 자신과 같거나 닮은 점을 생각할 수 있다. 만일 영웅이 그가 닮고 싶은 존재라면, 그는 자신의 특징을 영웅에게 빌려주고 반대로 그의 이미지를 자신의 것으로 만들면 된다. 투사와 동일시의 기능을 통해서라지만, 또 다른 창조가 가능하고 방법상 많은 자유가 주어진다. 파브리스 델 동고^{스탕달의 『파름의 수도원』 주인공}의 유혹은 상상 속에 빛나는 검은 눈동자보다는 그에 대한 신선한 열광 속에 존재한다. 앙투안 티보^{마르탱 뒤 가르의 『티보 가의 사람들』 주인공}의 경우는, 균형 잡힌 외모보다는 의사로서 반듯한 분위기에 그 매력이 있다. 물리적으로 여러 가지 제약이 있다손 치더라도 독서의 세계에서는 실제와 상상 사이의 교환이 유연하게 이루어질 수 있다.

반면 영화와 광고는 구체적 이미지를 전파하면서 이상적인 유형을 구체화시킨다. "실재를 향한 상상, 상상을 향한 실재의 만남이 이루어지는 거대한 매체에는 흉내낼 수 없는 우상이면서 동시에 흉내낼 수 있는 모델인, 현대의 올림푸스 신이라 할 수 있는 여배우들이 존재한다"고 에드가 모랭은 말한다. 그리고 뒤이어 이렇게 덧붙인다. "이들은 세 가지 세계 사이의 소통을 가능하게 한다. 상상의 세계, 정보의 세계, 충고와 선동 그리고 정상의 세계."* 이 육화된 이미지는 꿈꾸는 자와 꿈 사이에 어떤 막을 만든다. 정상적인 인간과 정상적인 아름다움을 중첩시키면서 외모에 대한 공포를 형성한다. 이때 상상의 것을 자기화하는 것은 제약을 받으며 불가능한 것으로 드러난다.

만일 우리가 벨몽도의 체격과 찰톤 헤스톤의 건장한 어깨, 조니 와이스멀러Johnny Weissmuller, 최초의 타잔의 실루엣을 지니고 있지 않다면, 그리고 어두컴컴한 영화관 안에 앉아 있는 우리의 키

---

* E. 모랭, 『시대의 정신』, 파리, 그라세 파스켈, 1962, 121쪽.

가 1미터 65센티미터라면, 어떻게 우르슬라 안드레스^{Ursula}
_{Andress. 제1호 '본드 걸' 이었던 러시아 글래머 스타}를 두 팔로 안으며, 서커스에서
사자들을 길들이고, 제인을 정복할 수 있겠는가? 특히 자신
의 고유한 이미지를 찾고자 하는 청소년 관객들은 보통 접근
할 수 없는 정언법에 종속된 얇은 표피막 같은, 또는 얼음 종
이 같은 존재들에 집착하게 마련이다. 왜냐하면 에드가 모랭
이 말했듯이, '스타화' 는 정확한 유형을 구체적으로 조직화
하는 데에서 나오기 때문이다. 스타는 '준거가 되는 자' 로서
힘 있게 자기화의 기능을 이끌고, 마치 대중들에게 행동을 안
내하는 것처럼 외적인 태도도 결정한다. 특히 키에서 이러한
열정에 더욱 사로잡혀 있는 듯하다. 이미 살펴본 것처럼 남자
아이들의 경우 큰 키는 영웅적 기능을 한다. 배우 미셸 블랑
_{Michel Blanc. 1952~ , 프랑스 코미디 배우이자 감독}은 이것을 두고 다음과 같이
말한다. "1미터 68센티미터도 안 되는 키로 버티려면 독특한
개성이라도 있어야죠." 여자아이들의 경우에는 대다수가 연
인으로서 마른 인물에 끌리는 것으로 나타난다.

이제 우리는 이러한 현상에 함축된 경제적 의미를 예상할
수 있다.

오늘날 무엇보다 중시되는 이러한 요구는 미적인 측면과

맞물려 생물학적 의미를 복잡하게 만들면서 정상에 대한 문제를 제기한다. 이러한 유행은 오늘날 고려하지 않을 수 없는 어떤 여건을 형성한다. 지난날에는 또 다른 시급한 문제들, 곧 생존이나 중병, 특히 아이와 청소년들의 생존에 관한 문제로 인해 이런 형태의 문제는 부차적인 것으로 여겨졌다. 아마도 디프테리아와 결핵이 창궐하는 시대에 우리 조상들은 무엇보다도 완벽한 키를 얻는 데 골몰하기보다는 다른 일들에 더 신경을 써야 했을 것이다.

그러나 아무리 불평을 해도 오늘날 이 현상은 피할 수 없는 문제가 되었다. 유행은 중요한 고려의 대상이 되었다. 정상은 더 이상 올림푸스 산에 기거하는 신들이 내세우는 가치가 아니며, 무엇보다 외모를 중시하는 이 시대의 유행 가까이 존재하게 되었다. "이러한 요구는 기본적 욕구뿐만 아니라 욕망의 환상까지도 충족시킨다"고 『투명한 달걀L' Œuf transparent』에서 자크 테스타르Jacques Testart는 지적한다.

따라서 우리는 어떤 제약으로 어떠한 요구가 생겨도 놀라지 않으며, 과거와는 확연히 다른 방식으로 키의 시장에 서 있게 된다.

이전과 달리 우리는 이제 키를 관리하는 방법을 알고 있다.

현대 과학은 오늘날 키를 크게 하는 꿈을 실현시킬 수 있다. 하지만 프로크루스테스의 조작들, 곧 거인들끼리의 결혼이나 나치의 광기가 과도한 키에 대한 비생산적 시도였다면, 지금의 행동은 전혀 다른 의도를 보여준다. 지금의 요구는 헤게모니적 유혹과는 전적으로 거리가 멀며 오직 평화적이고 개인적인 야심만을 고백하고 있다. 사람들은 더는 과도함을 원하지 않는다. 단지 조금 더 커지고 싶어할 뿐이다. 자연의 계획이 어떤 것이든, 사람들은 키가 커지기를 바란다. 비록 이 일이 유전적 코드를 넘어서고 미온적이나마 자연의 법칙을 거스르는 일이 된다 하더라도 말이다. 에드가 모랭이 쓴 책의 제목을 빌리면, 오늘날의 시대 정신은 "'행복의 신화'이다. 이것은 도덕적 규제의 역할을 하면서 개인적 욕망과 쾌락을 정당화한다. 또한 모든 문화가 그렇듯이, 모범과 정상을 축적한다." 이 신화의 이미지 가운데 하나가 바로 큰 키이다.

여기에 두 세계, 고려할 두 가지 원칙, 두 가지 언어의 차이가 만나는 접점이 있다. 문화 속에 깊이 뿌리내린 역사는 독자를 가상의 지대로 데려간다. 거기서 거인의 이미지가 현재

* 같은 책, 125쪽.

에 되살아나 모습을 드러낸다. 신들이 하늘을 떠난 순간부터 인간은 원하는 만큼, 부풀리고 싶은 만큼 인간성을 표현할 책무를 지니게 된다. 그리고 이 순간 과학은 정신의 세계를 지배하는 주인이 되어 퇴행이냐 위반이냐 하는 선택만을 남겨두게 된다.

팡타그뤼엘 또는 계몽된 거인 |

팡타그뤼엘이라는 거인은 16세기에 매우 고매한 방식으로 세
상을 조직하는 데 새로운 원칙을 적용한다.

이 매력적인 젊은 거인은 호인인 아버지의 뒤를 이어 많은
것들을 혁신함으로써 젊은 세대의 주역으로 등장한다.

물론 이 인물은 거인들을 호의적 시선으로 바라보는 켈트
족의 민족적 전통을 이어받는다. 우리는 프랑스 땅의 어느 구
릉 지대에서 마음 좋은 가르강튀아가 부산을 떠는 모습이나,
갈증으로 그의 목이 타고 방광이 부풀어 오르는 광경을 매우
즐겁게 바라본다.

하지만 사정은 달라진다! 팡타그뤼엘이 파리로 지식과 예의를 배우러 떠나면서 거인족의 상징적 임무는 크게 바뀐다. 이미 가르강튀아는 전통적 거인들의 모습과는 완전히 다른 평화주의자의 면모를 보여준다. 이제 가르강튀아의 의젓한 아들은 진보에 대한 놀랄 만한 감각을 가지고 새로운 사상에 동참하고자 한다. 팡타그뤼엘의 내면에서는 이른바 과거에 거인에게서 볼 수 있었던 병적인 허기증과 바보 같은 본능은 찾아볼 수 없다. 에피스테몽의 이 제자는 운동 선수이면서 영양사이기도 하다. 만일 그가 아침 식사로 햄 몇 조각을 먹는다면, 그것은 무엇보다 놀라운 속도로 자라는 지식에 대한 욕구 때문이다. 더구나 팡타그뤼엘의 거인 아버지가 이 욕구를 조장한다. 가르강튀아가 아들에게 쓴 편지에서 이 내용을 확인할 수 있다. "나는 네가 언어를 완벽하게 배우기를 바란다. 네 기억 속에 현존하지 않는 학문이 없도록 해야 한다. … 민법에 관해서는 훌륭한 책들을 외우고 철학과 대조해보기를 바란다. … 정성을 기울여 그리스, 아랍, 라틴 의학서들을 다시 읽을 것이며, … 자연의 사물에 관한 지식에 열성을 가지고 전념하기 바란다. 네가 알지 못하는 바다와 강과 샘이 없어야 하고, 또 그곳에 사는 물고기들도 알아야 하며, 하늘의 모든 새들, 숲의 모든 교목과 관목, 지상의 모든 풀들, 심연 깊숙이 감추어진 모든 광물들…… 중에 모르는 것이 없어야 한다. 요컨대, 나는 네게서 학문의 심연을 보게 되기를 기대하노라."

거인의 과장은 사라졌다. 대신 르네상스의 영웅적 자부심이 생겨났다. 그 속에는 인간의 본성은 문화를 통해 폭 넓게 완성된다는 생각이 자리를 잡고 있다.

이제 거인증은 가능성의 경계를 넓혀가는 새로운 환희의 표현이 된다. 신장 측정기를 통해 내면적 한계를 설정함으로써 인간이 과장과 퇴행 사이에서 자신의 정신적·도덕적·형이상학적 위치를 인식했던 조화는 분출하는 도약에 의해 마치 코르셋처럼 다시금 삐걱거릴 것이다.

편지는 계속 이어진다. "그러므로 나는 네가 얼마나 많은 학문의 발전을 이루었는지 곧 시험해보기를 바란다……." 이 거인 아버지는 물론 자신도 알지 못한 채 다가올 세상의 법칙을 언급한 셈이다. 그것은 도구로서의 치수와 신화적 성장이다.

르네상스 시대와 뒤이어지는 세기의 역사가들은 즉각 이 점을 확인시킨다. 16세기에는 이때부터 시작된, 폴 아자르Paul

Hazard, 1878~1994, 프랑스의 지성사가의 표현대로 하면, 진정한 '유럽 의식의 위기'에 대한 전제들이 존재한다. 신장 측정기는 이 위기를 측정하는 상징적 기구가 되어줄 것이다. 이 시대의 영웅은 라블레 식의 거인이다. 그는 다가올 전복적 상황에 대해 신화적으로 말한다.

그런데 어떤 예감의 전조처럼 가르강튀아의 글은 메아리 없는 메시지로서 끝을 맺고 있다. "… 양심 없는 학문은 영혼의 폐허와 다름없으므로, 하느님을 섬기고 사랑하고 두려워해야 하느니라."

무엇보다 과학은 이러한 교훈에서 벗어나야 한다. 그럼에도 거인증과 인간주의는 일부분 신화적으로 서로 연결되어 있는 듯하다.

프로메테우스 : 통치의 변화를 가져온 거인

만일 팡타그뤼엘이 패자들의 오랜 이미지를 버리고 한 손을 치켜올리는 승자의 이미지를 보여준다면, 프로메테우스는 또 다른 거인이 던져놓았던 도전을 나름의 방식으로 재개한다고 할 수 있다. 거인 티탄들 중 하나로서 그의 시대에 형제들을 배반하고 제우스가 통치권을 수립하는 것을 도와주었던 존재, 바로 이 티탄 족 거인이 우리가 르네상스에서 만나야 하는 존재이다.

　이아페토스의 아들이자 아틀라스의 형제인 이 탈주범, 프로메테우스는 그 이름이 '미리 생각하는', '심사숙고하는'이란 뜻을 지니고 있으며, 인간을 창조하는 데 일익을 담당했다. 이미 알다시피, 동물들의 출현 이후 갑자기 나타난 인간은 특별히 그에 걸맞는 속성이 부족한 존재였다. 털과 깃털, 발톱이 이미 다른 동물들에게 돌아간 상태여서 프로메테우스는 이 존재에게는 그냥 서 있는 속성이 주어질 것이라는 사실을 알게 된다. 신화는 그 다음에, 이 거인이 자신의 창조물과 사랑에 빠지고 이 애정이 깊은 나머지 그들을 위해서 — 그리고 자신의 불행을 위해서 — 올림푸스의 왕에게 맞서게 되는 것을 보여준다. 그는 먼저 인간을 선동했고, 그 다음에는 이 인간들을 보호하기 위해 천상의 불을 훔쳐왔다. 아이스킬로스^{B. C. 525?~B. C. 456. 고대 그리스의 대 비극 시인}에 따르면, 신들에게 붙잡힌 그는 코카서스의 바위에서 날개를 접은 독수리에게 매일 간을 뜯어먹히는 형벌을 받았다.

우리는 기억한다. 신의 독재에 항거하는 반란을 자신의 육체 속에서 그렇게 속죄하는 티탄의 얼굴은 자유로운 정신의 상징이 될 것이라는 것을. 천상의 불, 수직의 모습, 빛, 이성적 판단은 새로운 세대의 상징적 지도를 밝히게 될 것이다. 이 '견자'는 환각을 보는 자로서 다음의 형이상학적 단계를 이미 보았을까? 아무도 그에게 요구하지 않았던 편향을 통해서 그는 인간과 신들의 세계를 갈랐다. 이것은 필연적으로 세대들간의 새로운 대립, 세계를 지배하기 위한 새로운 전쟁을 약속하는 경계를 만들고 있다.

이성 : 3차 세계 전쟁의 계산법

대립의 무기는 물론 프로메테우스가 훔쳐온 유명한 불, 이성이 될 것이다.

"공격적 이성, 그것이 작동했다. 그것은 낯선 것이 아니었다. 왜냐하면 모든 시대에 인간은 이성을 강조했기 때문이다. 하지만 여기서 이성은 새로운 면모로 재등장한다. 그것은 더 이상 균형 있는 현명함이 아니라 과감한 비판의 모습을 띠고

있다. 그 정수는 검증하는 것이다. … 세계에 그 빛을 투영할
수 있게 하기 위해서 말이다."▪

　이성의 발견 이후 과거의 개념은 거의 남아 있지 않게 되었
다. 우리가 생각해왔던 우주 생성론적이고 지리학적이며 도
덕적이고 사회적이며 과학적이고 의학적인 모든 이론적 바탕
들이 이 불씨에서 나온다.

　선동적인 바커스 축제에 사로잡힌 이성은 사유의 항목들을
점유하기 시작했다. 먼저 상상의 찌꺼기를 정화하고, 전통의
위엄에서 자유로워져야 하며 의무적인 검토로 그것을 진작시
켜야 했다. 이것은 신앙의 항목들을 가장 엄격하게 관찰함으
로써 결과에서 원인으로 거슬러 올라가게 할 것이다.

　15세기부터 니콜라우스^{Nicolaus Cusanus. 1401~1464. 신과 우주에 관한 인간 지식}
^{의 불완전성을 역설한 독일 추기경이자 철학자}가 혼란스러운 전통의 한 켠을 차
지하고 있다. '현학적 무지'가 이성의 밑바탕이 되고, 모든
과학은 이성에 따라 경험과 추론으로 세워진다. 하지만 이 새
로운 요구 바깥에서는 어떠한 확신도 이루어지지 않는다.

　그래서 불의 보급 초기이다. 1543년 코페르니쿠스는 프톨

▪ P. 아자르, 『유럽 의식의 위기』, 파리, 파예르, 1961, 109쪽.

레마이우스의 천동설을 잘못된 것으로 고발한다. 더 합리적인 새로운 체계는, 달력을 비정상적으로 만든 억압을 해체한다. 하지만 상징적인 페탕크 놀이^{쇠로 된 공을 교대로 굴리면서 표적을 맞히는 프랑스 남부 지방의 놀이}가 시작되고, 이로 인해 지구는 단숨에 그 끝을 알 수 없는 곳으로 굴러떨어진다.

이 진동에 갈릴레이는 그 유명한 말로써 현기증을 더한다. "그래도 지구는 돈다!" 이것은 경험적 사실이다. "우리의 시야는 달이 지구 주위를 돌 듯 목성 주변을 도는 네 개의 소행성을 보여준다. 마찬가지로 목성계는 12년을 주기로 태양 주위를 돌며 거대한 궤도를 형성한다."▪

점차 우주의 진실로서 자리를 굳혀가는 우주의 변동은 과거에 가졌던 확신들의 변동을 가져온다. 고대에서처럼 성경의 내용은 선별된다. 새로운 실험 정신, 연대기적 관점에서 보면 오직 사실임 직하지 않은 것들이 재발견된다. 산술적 계산을 하면 그 내용은 혼돈스럽기 그지없다. 하지만 숫자의 권위가 기억과 인간의 권위를 대체하고, 오직 숫자의 권위만이 이론의 여지가 없어 보인다.

▪ D. 부르스텡, 『발견자들』, 같은 책, 278쪽.

어원적으로 ratio는 '계산'을 뜻하며, 학문은 신학에서 수학으로 변한다. "수학의 어떤 것, 수학을 바탕으로 하는 어떠한 학문도 거기에 적용할 수 없는 것은 확실한 것이 아니다"고 레오나르도 다 빈치는 『비망록Carnets』에서 표명한다. 철학자들 중에서는 데카르트가 목소리를 낸다. 바로 기하학적 정신의 승리를 논하기 위해. "기하학의 정신은 기하학에만 매여 있지 않고 또 다른 지식에도 적용될 수 있다." 그리고 퐁트넬은 "정치적이고 도덕적이며 비평적인 어쩌면 웅변적인 작품은, 기하학의 손길이 거치기만 한다면, 다른 무엇보다 아름답다"*고 확언한다.

여기에 바벨탑의 새로운 변환이 재시도된다. 하지만 이번에 언어는 더 이상 인간을 갈라놓지 못할 것이다. 철학적으로 중성인 그래서 보편적인 수학적 표현은, 제어 가능하고 측정할 수 있으며 신뢰할 수 있어서 해석의 혼란스러움과는 거리가 멀다. 사람들은 사물의 본질에 대한 결론이 나지 않는 토론보다는 비율적 탐구를 선호한다. 뉴턴과 같은 라이프니츠학파에 의한 미적분의 발견은 이러한 여건을 뒷받침한다. 망

* 퐁트넬, 「과학 왕립 아카데미의 역사 서문」.

원경과 현미경은 그 렌즈 아래로 새로운 장, 새로운 방향을 펼치면서 끝없는 세계들을 포착하게끔 한다. 사방에서 이런 연구들이 펼쳐지고, 사람들의 눈이 새롭게 뜨인다.

1636년 캄파넬라^{Tommaso Campanella. 1568~1639. 가톨릭 신학과 르네상스 인문주의}를 융합하려 한 이탈리아 저술가이자 플라톤주의 철학자는 고백한다. "과거의 철학에 기댄 결과들과 반대되는 지구 탐구의 결과는 새로운 사물의 개념에 도전해야만 한다." 새로운 분위기가 조성된다. 위대한 발견자들, 가마^{Vasco da Gama}, 콜럼버스, 디아스^{Bartolomeu Dias. 1450~1500. 희망봉을 처음 발견한 포르투갈의 탐험가}는 경제적 전망에만 참여하는 것이 아니라 라이프니츠와 함께 형이상학적 가설, 상대성 이론으로 이어질 새로운 개념화의 길을 연다.

이 길들은 서로 이어져 있고, 모든 길은 결국 한 가지 결론으로 모아진다. 풍속·관습들은 위도상에 따라 달라진다. 그러므로 도덕은 이미 밝혀진 절대성에 기대지 않고 종교와 독립적인, 그리고 문화적인 맥락에서 서로 상대적이지 않은가? 이제 무신론은 새로운 정신 상태의 결론적 요소가 되는 데 뒤지지 않는다.

* P. 아자르, 『유럽 정신의 위기』, 같은 책, 8쪽.

그리고 인간, 자신을 재고 있지만 일정한 크기를 확신하게 해준 중심축에서 빠져나와 이 세계 속에 빠져 있다고 상상하는, 불행한 계산가인 그는, 자신이 발견한 두 무한 사이에서 마지막 순간 어느 편에 탑승하는 것이 좋은지 망설이면서 떠돌고 있지 않은가?

충성스럽게도, 가상은 그 철학적 크기를 계속 유지하려고 할 것이다.

미터법의 난쟁이와 거인들

오래되고 상징적인 계산표가 변환되어 다시 쓰인다. 수학의 방식으로 난쟁이와 거인 들은 모호한 신화에서 미터법의 실존으로 넘어간다. 이들은 단순히 체계의 일반적 변화를 따라간다. 난쟁이와 거인 들의 이미지는 신장 측정기로 한정되고, 이들의 기형적 모습은 센티미터나 킬로미터로 방부 처리된다. 질 라푸지 Gilles Lapouge의 표현에 따르면, '수학의 노예' 인 이들은 그럼에도 기하학 왕조의 새로운 영역을 측량하기 위해, 상대성의 결과를 실험적으로 예시하고 다시 측정하기 위해 떠난다.

도구들은 이미 준비되어 있다. 이 여행에서 현실은 상대성을 예증하는 데 자리를 내준다. 비율에 따라 측정하고 눈금 매기기에 말이다.

팡타그뤼엘은 휴머니즘의 가치들을 높이 치켜들었고, 한 세기가 지난 뒤 걸리버는 그의 족적을 따라간다. 하지만 릴리 펏과 브롭딩낵에서 진정한 비율의 도덕적 이론에 존재하는 것은 지배적인 열광이 아니라 수학적 논리이다.

우리는 새뮤얼 걸리버가 어떻게 연속적으로 난파를 당하여 릴리펏 섬에서 브롭딩낵 섬으로 오게 되었는지 잘 안다. 걸리버의 첫 번째 조난지에서 이 낙원의 탐험가는 가늘지만 단단한 실로 묶인 채 깨어나서 겨우 15센티미터밖에 안 되는 존재들에 의해 들어올려진다. 얼마 뒤 철학적 원인에 대한 욕구에 무심한 채 그는 다시 어떤 지역에 좌초하고, 거기에서 자기 몇 미터 앞에서 교회 종루 높이만한 인간을 발견하고 놀라워한다.

걸리버의 여행들은 신장 측정기에 관한 모험이다. 스위프트는 비율의 영원한 고민을 해결하기 위해 여행을 떠난다. 영웅은 릴리펏에 있다. 식사 시간에 백여 명의 사람들이 산더미

만한 인간 걸리버의 입 속으로 300명의 요리사들이 만든 음식을 가지고 길을 떠난다. 그런데 블레퍼스큐의 오랜 적이 전쟁을 선포한다. 새뮤얼은 겨드랑이까지 차는 바다에 들어가 한 손으로 적의 선단을 밧줄로 끈다. 마치 어린아이가 바닷물에서 장난감을 가지고 노는 것처럼. 반대로 브롭딩낵에서는 어제의 영웅이 생쥐의 이빨을 피해 어렵게 탈출하다가 골뱅이에 부딪쳐 한 발을 다친다.

두 경우에서 우리가 느끼는 이미지는 환상적이면서 규칙적이다. 두 대륙 사이의 비율화된 이미지는, 마치 어느 계산자의 의도에 따른 듯 커지거나 작아진다. 독자는 웃음을 통해 상대성이라는 철학적 원칙의 실험적 현실을 건드린다. 예상치 못했던 비교가 그를 웃기고 찡그리게 만든다. "산-인간의 왼쪽 호주머니 속에 기계 도구 같은 게 있는데(릴리펏의 장교들이 말한다), 그 기계의 등에는 20개의 말뚝이 튀어나와 있습니다. 이것은 폐하의 성에 있는 방책과 비슷하지요. 저희 생각에 그는 그걸로 머리를 빗는 것이 아닌가 합니다." 그러므로 설사 그것이 방책이라 하더라도 그는 사방에서 머리를 빗을 수 있는 게 아닌가. 비율의 차이가 허락하는 다른 관점을 통해 스위프트는 동시대인들의 눈을 뜨게 하려고 노력한다. "걸리버는 발견한다. 자연은 릴리펏 사람들의 눈을 그들이 보아야만 하는 물건들의 크기에 부합하게 만들었다. 그들의 시선은 극도로 날카롭지만 시야는 빈약하다. 나는 어느 날 한 요리사가 우리 나라의 모기보다도 작은 종달새의 깃털을 뽑으며 노는 것을 보았다." 그리고 걸리버는 자문한다. "어쩌면 어느 날 나에게 그들이 작은 것만큼 그들에게 또한 작은 사람들을 발견하는 일이 생겨서 행운아를 즐겁게 해줄 수 있지 않을까? 그리고 우리가 여전히 발견하지 못한 세계의 어느 먼 곳에서는 이 거인 종족들이 릴리펏 사람들만큼 작아 보일지 누가 알겠는가?" 이것에 대답하는 몫은 볼테르에게 남겨질 것이다.

하지만 우리는 이 비율의 평형 관계, 이 상대성이 가치의 중립성을 이끈다는 것을 예상할 수도 있다. 우리는 걸리버와 더불어 이런 결론을 내릴 수 있다. "분명 철학자들이 우리에게 말하고자 하는 것은, 비교에 의해서가 아니라면 어떤 것도 크거나 작다고 평가할 수 없다는 점이다." 그럼에도 커지게도 하고 작아지게도 하는 동화들이 주는 교훈은 거기에 있지 않다.

릴리펏에서 배반자로 철망의 덫에 사로잡힌 인정 많은 거인 걸리버는 사슬에 묶인 모습으로 지낸다. 그는 또 다른 프로메테우스가 아닌가. 릴리펏의 궁정과 황제의 풍습은 너무나 부조리하고 썩어 있어서, 이 모든 '소인들'의 인색함의 표적이 되고 모의의 희생양이 된 그는 사형을 언도받는다. 온화하고 평화로운 성품의 그는 정당한 분노로써 나라 전체를 파괴할 수도 있었을 테지만 죽음을 면하기 위해 오직 도주할 뿐이다.

릴리펏 사람들의 고약함을 경험으로 체득한 걸리버는 브룹딩낵에서 의문에 잠긴다. "만일 우리 인간이 비율에 따라 자기 자신의 크기만한 잔인함과 야만스러움을 지니고 있다면, 그렇다면 이번에 나를 차지할지 모르는 이 야만스러운 거인들 중 첫 번째 인물이 한입에 털어넣는 일 외에 그 어떤 운명이 나를 기다리고 있겠는가?"

이 이해할 만한 고뇌는 괜한 걱정이었다. 현대의 거인들은 과거의 신인종의 속성을 전혀 가지고 있지 않다. 궁정에서 작은 걸리버는 현명한 왕의 영접을 받고 보호를 받는다. 이마에서 빛이 나는 이 길잡이 왕은 18세기 철학자들을 연상시킨다. 왕의 야망은 자신의 생각에 따라 과학의 진보를 통해 행정 체제를 개편시키는 것이다.

소인의 처지에서 이익을 도모하기 위해 이 보잘것없는 자는 난쟁이라는 자신의 상황에 착안해 국왕에게 어떤 비밀을 제안한다. 대포에 화약을 넣어서 마법의 폭발물을 만드는 것이었는데, 다음과 같은 일에 사용할 수 있었다. 우선 자기 앞에 있는 모든 것들을 파괴하는 일, 좀더 두꺼운 성벽을 낮추는 일, 가장 견고한 선단도 저 멀리로 날려버리는 일 등이다. 혐오감에 사로잡힌 이 고결한 왕은 그런 비밀을 나누느니 차라리 자기 왕국의 절반을 버리는 편이 낫겠다는 의사를 표시하는 것으로 만족한다.

릴리펏의 자그마한 황제와 브롭딩낵의 커다란 왕 사이의 이 비율의 차이는 무엇이란 말인가! 가치 체계의 차이를 통해서 거인은 지성과 관용의 긍정적 가치들을 재현하는 인물이 된다.

거인이라는 인물의 변화는 미크로메가스[볼테르의 『미크로메가』의 주인공]와 함께 확인된다. 그는 이번에는 문맹의 거인들을 모조리 소멸시키고 그들의 자손들에게 과학 아카데미의 문을 열어주기까지 한다.

번거로움과 사소함만으로 가득한 궁정 연회가 금지된다. 시리우스 별의 거인 미크로메가스는 자신의 마음과 정신을 단련하기 위해 행성과 행성 사이를 여행하기 시작한다. 그렇게 해서 그는 자신의 기준으로 봤을 때 난쟁이들이 사는 토성에 도착한다. 키의 차이에도 불구하고 그는 — 40킬로미터나 된다 — 단지 2킬로미터밖에 되지 않는 그 지역의 아카데미 서기와 우정을 맺는다. 서기는 이 젊은 거인에게 상대성의 그 신성한 법칙을 이야기해준다. "저는 사방에서 차이와 비율을 봅니다."···

이 진실을 좀더 폭 넓게 실험하기 위해서 두 친구는 함께 철학 여행을 떠나기로 결심한다. 여행 도중에 둘은 우연히 지구에 들른다. 그런데 거기에는 어떠한 생명의 흔적도 보이지 않는다. 이때 우리 영웅은 자신의 다이아몬드 목걸이를 깬다. 이 행운의 미세경 덕분에 두 여행자는 자신들의 눈에 거의 포착되지 않는 살아 있는 생명체들을 살펴볼 수 있게 된다. 다행스럽게도 이들은 탐험의 임무를 띤 한 무리의 철학자들이었다. 그들의 호의적인 태도 덕분에 이 두 여행자는 대화에 참여하게 된다. 그렇게 해서 이들은 이 극미동물이 자신들의 시간을 스스로를 파괴하는 데 보내고 있음을 안다. 이들 가운데 미치지 않은 극소수는 철학자인데, 그들 또한 천성적으로 서로 화합하지 못했으며 이런저런 요구를 했다. 그러자 인정

많은 미크로메가스는 이 작디작은 동물이 어마어마한 크기의 오만을 지니고 있다고 한탄한다.

거인의 오만과 과장은 사라졌다. 과학에서 비롯된 현명함은 거인의 입을 빌려 말한다. 상대성, 모든 유연함이 과거의 경직된 신장 측정기를 액세서리 가게에서 사라지도록 만든다. 법칙들, 넘지 말아야 하는 한계들, 저지르지 말아야 하는 측정의 위반은 끝이 난다. 상대성을 발견함으로써 인간은 자신의 세계에 대한 개념화를 혁신하고 군주권을 찬탈한다. 연약한 갈대이지만 생각하는 존재이며, 극미동물이지만 철학적인 개미……. 이렇게 소형화된 이미지들은, 이 사상에서 두 번째로 등장하는 용어의 긍정적 크기를 확인시켜준다.

"이성을 좇으면서 인간은 오직 자기 자신에게만 의지하게 된다. 그리고 그것을 통해 어떤 식으로든 신들이 된다."* 이 말이 세상 밖으로 풀려나면서 위반은 완수되고 횡령은 고백되고 새로운 통치가 광명 속에서 예고되었다. "우리는 여기에 매번 더 개명하고자 하는 시대를 살고 있다"고 피에르 벨Pierre Bayle, 1647~1706, 프랑스의 철학자은 예고했다.

* C. 질베르, 『칼레자바의 역사』, P. 아자르 인용, 같은 책, 141쪽.

코카서스 바위 위에서 태어난, 이 또 다른 프로메테우스의 도래와 함께 시작된 19세기를 주도하는 분위기는 환호이다. 신화는 진보에 대한 희망으로 가득 차 있다. 인간의 날은 내일을 위한 것이 된다.

일어나시오, 덕과 용기와 신념이여!
사상가, 정념의 인간들, 탑 위로 올라오라, 초병이여!
눈을 크게 뜨시오! 자신의 불을 지피시오, 눈동자들이여!
…
잠든 자 일어서시오! 왜냐하면 나를 뒤따르는 이,
나를 제일 처음으로 보내는 이
그는 자유의 천사, 빛의 거인이기 때문이오*

거인의 이미지는 이렇듯 힘의 상징에서 빛의 상징으로 상승한다!

그럼에도 이 빛 속에도 흑점이 있다. 괴테와 셸리Percy Bysshe Shelley의 시에서, 인간은 고독한 거인으로 나타난다. 역사의 우

* V. 위고, 『벌』, '스텔라', 파리, 리브르 드 포슈, 1985, 262쪽.

수 어린 횡령자인 인간은 그 자신이 외재적 의미로 줄어드는 무한 지대를 떠돌아다닌다.

새로운 헌장

물론 일방적인 결론을 내리지 않도록 조심해야 한다. 거인의 상징적 이미지의 진보는 거대한 크기에 대한 미련을 버리지 않았다. 하지만 그것이 의미 있는 것은 유일하게 상징적 차원에서이다. 거인, 과거에 신의 계획에 반대했던 거인은 새로운 세계를 향해 떠나는 뱃사공이 된다. 일종의 성 크리스토포루스Christophorus. 3세기경에 활동한 여행자들의 수호성인. '그리스도를 업은 사람' 이라는 뜻임인 그는 자신의 등에 인간을 지고 있는, 시대의 새로운 돌고래이다.

이제 근본적인 부분들을 정리함으로써 분리 헌장을 세운다. 자연법, 이것은 신들의 권리를 대체했다. 종교와 도덕이 서로 독립하고, 개인적 의식, 이성에 기반하는 현대의 도덕이 섬세하게 구축된다. 과학의 혜택으로 우리가 바라는 행복은 내세에서 무언가를 바라는 것이 아니라 즉각 실현할 수 있는 것으로 정의된다.

  18세기 의무에 기초한 문명 이후에 권리에 기초한 문명이 뒤를 이었고, 이것은 유명한 인간의 권리 대장전에서 최고조를 이룬다. 하지만 의심할 여지 없는 이들의 당연한 귀결, 윤리적 문제들은 여전히 내일의 것이 된다.

프로메테우스는 능력이 닿는 한 약속들을 지켰다. 과학은 서구 세계를 혁신시켰다. 과학의 혜택에 힘입어, 인간은 모든 종류의 구속에서 자유로워질 수 있었다. 보건 부문에서 기대수명을 연장시킴으로써 과학은 인간의 욕구를 충족시켰고, 그 진보는 자부심으로 이어졌다.

그런데 불의 속성이 불타는 것이라면, 과학의 속성은 진보하는 것이다. 그런 이유로, 인간의 자유를 약속하고 증명했던 위반이 어느 순간 — 어떤 사람들은 이것을 불신할지도 모르겠지만 — 인간을 굴종시키고 압도할 수도 있다. 악몽 속에서 종종 일어나는 것처럼, 너그러운 자인 프로메테우스는 갑자기 유대교 신비철학의 전설 속 인물인 골렘으로 변할 수도 있다. 실험실에서 인위적으로 탄생한 이 생명체는 자기 주인에게 온순하게 굴다가 어느 순간 갑자기 거인으로 커져서는 그 무게로 이 무력한 학자를 깔아뭉갠다.

오늘날 생명 과학의 진보 속에서 이 메아리의 여파를 발견하지 못하는 사람은 없다. 메피스토펠레스^{파우스트 전설에 나오는 악마}의 유명한 말을 상기해보라. "첫 번째 행동은 우리 안에서 자유롭다. 우리는 두 번째 행동의 노예가 된다."

만일 전진을 멈추지 않는다면, 우리는 어디에서 멈춰야 하는지 알 수 없다. 바로 여기에 인간에 대한 정의가 내포되어 있을지 모르며, 어쩌면 그래서 더 멈출 수 없는지 모른다. 더욱이 서구인들은 자기 스스로에게 변환하는 존재의 이미지를 부여하고 있지 않은가?

이 이미지는 마지막 신화적 인물에 현존하며, 그는 결국 인간적 크기에 성장이라는 일종의 가치의 축을 제안한다.

약속의 인간

잠시 영웅, 아이, 인간이라는 주제로 되돌아가자. 퇴행의 축출, 탄생에 대한 합의는 도약 속에서 이루어진다. 일체의 생명은 이 도약의 이미지에서 시작한다. 배출은 모성적 힘의 마지막 순간이면서 최초의 개인적 에너지이다. 탯줄의 절단은 미분화된 게으른 안락함과 단절하고, 개인의 운명을 개척해 자신의 자리와 정체성을 찾는 힘든 정복 과정 속으로 아이를 던져놓는다.

화목을 도모하고 난쟁이와 연관된, 구석진 장소에 놓여 있던 이미지들에 이어서 서로 대립하면서 보완하는 힘과 도약과 긴장과 팽창의 이미지들이 뒤따라온다. 은거지의 평온한 내재성은 그것을 포기하고 입구 쪽으로 내어놓는다. 둥지, 조개껍질의 이미지는 종자 씨, 곡식 알갱이 이미지에 의해 사라져버린다.

이 도약의 이미지가 구현하는 인간성은 작은 크기가 미덕인 마지막 신화적 인물 속에 담겨져 있다. 바로 엄지, 엄지 동자다.

엄지는 약속의 인간이다.

의식을 구현했던 천재들처럼 엄지는 인간의 형상을 한 가장 작은 신화적 인물이다. '엄지만하다'는 뜻에서 이런 이름을 갖게 된 이 인물은 호두껍질을 침대 삼고 장미잎을 이불로

덮는다. 그리고 골무에 고인 물을 마시고 벼룩 옷을 입고 다닌다.

하지만 키가 아무리 작아도 그는 난쟁이가 아니다. 무엇보다 그는 혼자다. 반면 난쟁이들은 셋씩 또는 일곱씩 몰려다닌다. 둘째, 키가 아무리 작더라도 그는 인간의 자손이다. 그림 형제의 동화에 나오는 엄지는 나이 든 부부의 외동 아들이다. 노디에^{Charles Nodier, 1780~1844, 프랑스의 소설가}의 콩트 속에 나오는 트레소르 드 페브도 마찬가지로 가난한 농군 가족의 외아들이다. 페로 동화의 경우에는 주인공의 아버지가 나무꾼이고, 아이는 튼튼한 형제들 중 막내로서 형제들과 다르게 표현된다. 형제들 중 유일하게 제일 작은 아이로.

하지만 무엇보다 엄지의 이야기는 전설적이고 문학적인 난쟁이들의 이야기와 대비된다. 난쟁이 이야기는 시작이 있고 전개가 있으며 결론에 가서는 신에게 봉헌하는 내용으로 끝이 난다. 그런데 엄지의 이야기는 어떤 긴장감 위에서 진행된다. 이런 구성은 엄지를 시간의 한 언저리에 놓고 있으며, 이것은 난쟁이의 순환적 창조와 급격히 대비된다. 한편 한 이야기는 태아를 다루고, 다른 이야기는 조산아를 다룬다는 면에서도 서로 구분된다. 그래서 만일 엄지 동자가 크지 않는다면

— 실제로 그는 크지 않는다 — , 이것은 엄지의 키가, 지속적
으로 내재된 도약 그 자체의 이미지를 표현하기 때문이다.

엄지 동자는 극도로 움츠린 인물이다. 일종의 핵 알갱이로
우주적 탄도 속에서 자유로워지는 힘의 이미지이다. 이것을
수많은 전설들이 증명한다. 그들 이야기 안에서 엄지는 천상
의 마차를 끄는 마부다. 랭보의 시구는 과장법을 통해 이 사
실을 말해준다.

작고 꿈꾸는 엄지인 나는 길을 가며

시운들을 떼어내었네. 내 여인숙은 큰곰자리였다네

창조적 지성

사실 엄지가, 자기보다 더 큰 영웅들의 이야기보다 더 박진감
넘치게 진정한 영웅의 궤적을 따라가면서 연출하는 것은 바
로 힘이다. 왜냐하면 엄지는 눈부신 신의 공덕을 입었기 때문
이다. 모험담을 다루는 우화들은 이야기가 단순하게 짜여져
있다. 그 이야기들은 작은 존재가 어떻게 해서 보이지 않는

힘의 도움으로 눈부신 일들을 성취하는지 말해준다. 이 힘은 물리적 힘겨루기에서 승리를 거두지만, 난쟁이들이 영웅들에게 마법으로 공급하는 자연의 힘이나 부유함과는 아무런 상관이 없다. 이것은 다른 어떤 것과도 무관한 개인적 질서의 힘이다.

그림 형제의 이야기를 보면 쉽게 알 수 있다.

'엄지만한' 이 '아이' — 이 용어에 유의하자 — 는 그의 아버지가 증언한 바에 따르면 활력 있고 창의력이 풍부한 정신의 소유자이다. 집안에 잔치가 있던 어느 날 엄지는 모든 사람들이 만류하는 속에서도 자신이 가족 마차를 몰고 가겠다고 고집을 부린다. "겁내지 마시라니까요. 제가 말 귓속에 앉아 말한테 어디로 가야 하는지 큰소리로 일러주면 돼요."

말한 대로 이루어진다. 임시로 마련된 이 자리에서 엄지는 있는 힘을 다해 소리를 지르고, 말은 순순히 전진한다. 우화에서는 '어떤 말 주인도 이보다 더 잘 몰지는 못했을 것이다'고 적고 있다. 말 귓속에 있는 엄지의 자리는 말몰이를 결정하는 중심지 역할을 한다. 그것은 수레의 송과선^{척추동물의 간뇌 뒤쪽}^{윗부분에 있는 작고 동그스름한 소체. 성기 발육을 조정하는 내분비샘}이다. 가스통 파리^{Gaston Paris}의 표현을 빌리면, "우리 의지의 꿈들이 작은 공간 속에서 만들어내는 힘"[*]이다.

그 힘은 곧 엄지의 말을 뜻한다. 엄지의 말을 통해 인물의 분별력과 더불어 마차와 함께 상황을 조정하는 그의 능력이 표현되기 때문이다. 엄지는 소리를 지르고, 말들은 전진한다. 시간은 흘러 엄지가 모습을 드러낸 곳은 암소의 위장 속이다 ― 엄지는 거의 보이지 않을 만큼 작다. 그런 다음 엄지의 모험은 늑대의 뱃속으로 이어진다. 엄지는 자그마한 덩치로 늑대를 포식시키지도 못한 채 그의 위장에서 자리만 차지하고 있다. 그러다 꾀를 내어 늑대에게 어느 민가의 곳간에 가면 먹을 것이 많다고 꼬드긴다. 물론 늑대는 그곳에서 빠져나오지 못한다. 엄지는 참신하고 창조적이며 꾀바른 자이고, 엄지의 미약한 육체는 그 밖에도 언어로 소통하는 창조적 지성의 미세하지만 필수적인 구현을 뜻한다. 페로[Charles Pérrault, 1628~1703. 「빨간 모자」 「장화 신은 고양이」 등 민담을 동화책으로 엮은 프랑스 작가]의 동화에 나오는 엄지의 동료도 마찬가지 인물이다.

그 또한 아버지의 의자 밑에 숨을 수 있을 만큼 아주 작다. 또 섬세하고 빈틈없어서 어리숙한 그의 형제들보다 훨씬 낫

---

[*] G. 바슐라르, 『공간의 시학』, 파리, PUF, 1957, 154쪽.

다. 우리는 작고 흰 조약돌이 어떻게 유용하게 쓰이는지, 숲으로 난 길 위에 뿌려진 빵조각들과 그 후에 이어지는 절망적 상황에 대해서도 알고 있다. 그림 형제의 엄지처럼 꼬마 엄지도 형제들의 운명을 결정하는 중심, 모두가 귀를 기울이는 목소리, 다른 아이들에게도 괴물에게도 꼭 필요한 것을 말해주는 목소리가 된다. '내일 저희를 드시는 게 좋을 것 같아요' 하고 너무도 태연하게 '평소에 말하지 않았던 자'는 말한다.

하지만 엄지 동자와 달리 꼬마 엄지는 사랑받지 못하고 홀대받는다. 배려의 대상이 되지 못한다. 사람들은 그를 '보지' 못한다. 불행의 원인이 된 소년의 키는 틀림없이 그 결과이기도 하다.

우화에서 소년은 숲에 뿌려놓았던 빵조각을 다시 찾을 수가 없다. 표시를 해둔 길 위에 회귀의 가능성은 없다. 그는 생존하기 위해 또 다른 행위를 창조해야만 한다. 그것이 이 인식되지 못한 아이에게 빛을 가져다 줄 조건들이다. 그때까지 '보이지' 않았던 소년은 어두운 숲길에서 사람들이 따라가는 별이 된다. '주목의 대상이 되지' 못했던 소년은 의기양양하게, 버려진 형제들을 이끌고 집으로 돌아온다. 덤으로 괴물의 보물까지 가지고서 말이다. 생존은 성공으로 바뀐다. 무시당했던 소년은 진정한 수장으로 밝혀진다. 이 꼬마는 실제로는 '땅꼬마'에 불과하지만, 그러나 겉모습이 중요하지 않은 영역에서 큰 사람으로 거듭난다. 인간의 키는 중요하지 않다고 우화는 말하는 듯하다. 중요한 것은 바로 심리적 크기이다.

작은 신체적 조건을 철학적 의미에서 내적 영역과 결합하면서 엄지는 즉각적으로 보이는 진실과 또 다른 세계의 진실이 현존함을 보여준다. 이 역설의 중심적 요소가 되는 키를 통해 진실은 더욱 분명해진다. 이 보이지 않는 영역의 진실은 무엇보다 이야기의 주제이며 우화의 교훈 속에 들어 있다.

우리는 결코 아이들이 많다고 상심하지 않는다.
그애들이 잘생기고, 튼튼하고 충분히 크다면 말이다.
하지만 그중 하나가 약하고 말을 못한다면
우리는 그를 멸시하고 비웃고 학대한다.
하지만 이따금 이 어린 소년이
온 가족의 행복이 될 것이다.

'발이 빠르다고 달음박질에 우승하는 것도 아니고, 힘이 세다고 싸움에서 이기는 것도 아니다'고 전도서는 예고한다. 인간이 세계에 자신의 제국을 건설하는 것은 이런 진실의 질서에 의해서이다. 거인들에 의해 구현되며 난쟁이들에 의해 예증되어 정태적으로 경험되는 모성의 힘과 진화하는 창조적 가치를 대립시키면서 말이다.

빵조각이라는 표시가 없는 엄지의 길은 그의 경험에 자유와 창조성의 길을 열어주었다.

병 속의 요정 또는 제한된 지성

엄지는 분명히 행복하게 가족의 사랑을 받으며 살았다고 우리는 상상할 수 있다. 틀림없이 현명한 존재로 인식되는 그는 자신이 얻은 이득 너머까지 밀고 나가지는 않을 것이다. 하지만 만일 그가 우연히 새롭게 길을 떠날 생각을 했다고 한다면, 그는 큰 희생을 치르고서 키의 교훈이 주는 주요한 가르침을 얻었을 것이다. 그 가르침은 '병 속의 요정'이라는 우화 속에 들어 있다. 이 이야기는 페르시아의 천일야화와 마찬가지로 그림 형제의 동화에서도 발견할 수 있는 보편적인 동화이다.

이야기는 항상 같다. 길을 가던 한 사람이 뚜껑이 닫힌 병을 발견하는데, 그 안에는 작은 인간의 형체가 신음하고 있다. '나를 꺼내주세요' 하고 애원하는 목소리가 들린다. 나그네는 곧 뚜껑을 연다. 작은 형체는 땅으로 튀어나와 커지기 시작하더니 거인의 형체가 되어 두려움의 대상이 될 때까지 성장을 멈추지 않는다.

비율상으로 작아진 행인은 자신이 유일하게 살 길은 술수를 부리는 것이라는 사실을 깨닫는다. 그는 아첨으로 멍청해진 괴물을 착취하고 그 위협적인 괴물을 다시 병 속에 들어가게 만든다. 이로써 다른 나그네도 똑같은 경험을 하게 만들 것이다.

병 속에 담긴 이 재능 — 어쩌면 유전학적인 — 은 무엇보다도 지식의 한계를 나타낸다.

키에 관한 일련의 교훈적 이야기는 이 개념에 이르러 마무리된다. 그리고 오늘날 우리는 이 개념을 직접 차용할 수 있다.

하지만 우리는 도약을 손에 쥐고 있는가? 그 씨앗의 성장을 조절할 수 있는가? 만일 성장과 문화가 연결되어 있다면, 인간의 본성은 제한이라는 개념과는 반대 지점에 있지 않은가? 인간의 본성은 이른바 자연법을 위반하지 않는가? 인간은 엄지처럼 물리적 삶의 무게에 대적할 신체적 힘을 소유하고 있지 않다. 따라서 인간이 진정한 본성을 발견하는 것은, 지성을 통해 물리적 힘을 추구하고, 추상적 도량을 통해 구체적 힘을 소모하며, 인공적 문화로 자연을 다루고, 고유한 크기에 대한 비유적 영역으로 승리하는 것이다.

하지만 오늘날, 이 역설에 충실하기 위해서, 과학적 진보가 심각하게 문제삼고 있는 인간의 친숙한 이미지를 보존하기 위해서, 급박하게 논의되어야 하는 것은 이 제한성이라는 개념이다.

제한의 문제 |

최근까지도 인간은 뇌하수체성 난쟁이와 같이 극단적인 경우를 제외하고는 성장 호르몬을 사용하지 않는다. 뇌하수체성 난쟁이의 경우도 의사들이 정한 기준에 따라야 하므로, 프랑스에서는 그 이용자 수가 천 명을 넘지 않는다. 성장 호르몬 치료를 제한하는 이유는 무엇보다도 인간에게서 채취하는 호르몬이 부족하기 때문이다. 키가 매우 작은 편에 속하는 아이들의 경우에도 뇌하수체성 난쟁이로 판명받지 않으면 치료를 받지 못한다. 그래서 만약 이 아이들이 어른이 되어서도 키가 작을 경우에는 키에서 비롯되는 고통을 감내할 수밖에 없다.

그런데 호르몬 부족 현상을 성장 호르몬 치료를 제한하는 이유로 내세울 수 없는 순간 한계의 문제가 발생한다. 그렇다면 어떻게 치료할 대상과 치료하지 말아야 할 대상을 구분 지을 수 있단 말인가? 치료 대상이 되어야 하는 작은 키와 운명으로 받아들여야만 하는 작은 키를 어떻게 구분할 수 있을까? 물론 오늘날 자의적 기준에 따라 이것에 답할 수는 없다. 생물학 검사를 통해서, 뇌하수체성 난쟁이인 경우와 그렇지 않은 경우를 구분하기 때문이다.

하지만 뇌하수체 의학 검사는 점차 섬세해지고 정확해지며 복잡해지고 있다. 생리학적 지식의 도움을 얻어 성장 호르몬의 작용을 분류할 때 단순히 정상과 비정상으로 나누는 것이 아니라, 성장 호르몬이 부족한 상태에서 충분한 상태까지 모든 상황들을 연속적으로 제시하고 있다.

따라서 만약 합성 성장 호르몬을 무한대로 사용할 수 있는 경우, 어느 정도의 키에 사용해야 하는지 개념이 모호하고 사례가 넘쳐남으로써 뇌하수체 부족에만 호르몬 치료를 제한해야 한다는 개념은 정의 자체가 불분명해진다. 어떤 방법으로 치료하느냐에 따라 질병의 분류는 무의미해진다. 뇌하수체의 완전한 부족 증상(병에 해당한다) 외에, '국부적'인 뇌하수체 부족 증상을 보이는 아이들의 사례도 종종 볼 수 있다(그런데 이 경우도 병이라고 볼 수 있을까?). 이 아이들은 '유전적으로 작은 키'에 해당하는 아이들의 경우(이 경우는 병이라고 말하지 않는다)와 마찬가지로 어른이 되어서도 키가 작다. 이렇게 해서 병적인 것과 정상적인 것 사이의 경계를 명확히 구분짓기 어려운 점, 치료해야 할 단계와 그냥 두어야 할 단계의 경계를 정의하기 어려운 점이 드러난다. 만일 성장 호르몬이 여전히 대용품으로만 존재하고, 인체 내에서 부족한 성분을 보충하는 효과만 있다면 어떨까!

사실 질병에 대한 분류가 명확하든 명확하지 않든, 아이가 키가 작은 원인이 무엇이든지 간에, 성장 호르몬 치료는 성장을 촉진시키는 효과가 있는 것으로 밝혀지고 있다. 신중한 태도를 견지한다 하더라도, 연골형성부전증과 같은 뼈의 구조적 영양 장애로 인한 극단적인 단신의 경우를 제외하면, 어른 키가 결정적으로 증가하는 데에도 마찬가지 효과를 드러내는 것처럼 보인다. 그런데 경제적 이유 때문에(현재 성장 호르몬 치료 비용은 일주일에 1,000~2,000프랑인 것으로 나와 있다) 치료는 여전히 '뇌하수체 부족 상태'에만 유보되어 있다.

하지만 곧 키가 작은 아이들이 이 도움을 얻을 것이고, 사회보장제도가 비용을 책임질 것이다. 그렇게 해서 터너증후군이나 염색체 비정상과 관련된 병으로, 성인이 되어서도 키가 평균 142센티미터밖에 되지 않는 아이들이 이 경우에 해당될 것이다. 비록 물량이 부족하다고는 하지만, 성장 호르몬이 일찍 투약될 경우 이 아이들은 몇 센티미터의 귀중한 키를 얻을 희망을 얻게 될 것이다.

그렇다면 우리는 이 문제를 다시 한 번 자문해보아야 한다. 우리는 실제적으로 누구를 치료해야 하는가? 뇌하수체 부족의 경우인가, 아니면 키가 작은 아이의 경우인가? 우리는 무엇을 염두에 두어야만 하는가? '병'이라고 볼 수 있는 호르몬 부족인가, 아니면 하나의 '증상'일 뿐이지만 고통의 원인이 되는 작은 키인가? 만일 어른의 키가 150센티미터일 경우, 이것이 사회 생활을 하는 데 약점으로 작용한다는 사실을 염두에 둘 때, 한쪽은 호르몬 부족을 이유로 치료를 허용하면서 다른 한쪽은 단순히 유전적 특이성으로 치부하는 것은 부당하지 않은가?

또 키가 작아서 어느 정도 정신적 성장에 장애를 보이는 키 작은 아이들의 경우는 어떻게 처리할 것인가? 꾸준히 성장 호르몬으로 치료한 몽골리즘^{다운증후군} 어린이 환자들의 경우 성장이 촉진되었다. 염색체 이상이나 유전병 등으로 성장에 큰 장애가 있는 아이들도 마찬가지였다. 그렇다면 우리는 사회가 제공할 수 없는 막대한 치료 비용을 핑계로 이들에게 정상 키를 가질 수 있는 방법을 박탈해야 할 것인가? 이 치료법을 사용하려면 사전에 어느 수준에서 사회적 동의가 이루어져야 하는가?

반대로, 또 다른 물음들이 제기된다. 젊은 청년이 적어도 160센티미터의 신장을 가지기 위해 치료를 받는 것이 비판의 소지가 적다면, 아들의 키가 180센티미터 이상이 되기를 바라는 부모는 치료를 거부당해야 할까? 그렇다면 이 둘 사이의 경계는 어디에 위치해야 할까? 168센티미터, 171센티미터, 몇 센티미터? 도대체 누가 이것을 결정할 수 있을까? 미용상의 '요구'를 들어주지 않으면서 어느 지점부터 이런 결정을 내려야 할까? 이것은 실질적으로 상존하는 문제이다. 그렇다면 어느 정도까지 이런 요구들을 받아들여야 할까?

한편 성장 호르몬은 높은 치료 비용 때문에 수량이 제한된 가운데에서도 남용될 소지가 크다. "키가 작은 아이들이나 그 가족의 입장에서 볼 때, 치료의 필요성은 매우 절박하다. … 이로 인한 남용은 공식적인 우려의 대상이다. 유감스럽게도 키에 대한 과도한 가치 부여와 '더 커지고자 하는 대체적 욕망'이 새로운 호르몬을 남용하게 만들고 있다."* 더구나 호르몬의 사용은 새로운 특권층을 형성하여 사회를 이분화시킬 염려도 있다. 키 작은 빈자와 키 큰 부자로 나뉘어지면서, 영리적 목적을 이유로 처방이 이루어질 수도 있다.

또한 결국 철학적 측면에서 보면, 보편적인 규격화로 인해 세계를 '왜곡된' 모습으로 변화시킬 위험이 있는 것은 아닐까? 핸디캡의 행복한 소멸을 축하하면서, 인간적 풍경의 서글픈 보편화를 지켜보아야 하는 것은 아닐까? 정상에 접근하고자 하는 욕망과 더불어 인위적 조작의 편리함도 인정해야 하는 것일까?

수많은 의문들이 제기되고 있지만, 우리의 무기는 여전히 성장 호르몬에 제한되어 있다. 만일 이러한 무기가 체세포 또

---

* J.-C. 조브, 《내분비학회지》, 파리, 마송, 1986, 373쪽.

는 더 심하게는 생식세포에서 또 다른 성장 인자들을 발견함으로써 더 풍부해지면 어떻게 할 것인가?

모든 점을 고려할 때, 이 새로운 기술을 적용함으로써 우리가 얻는 것 ─ 위험과 이익 모두 ─ 은 무엇일까?

이러한 질문을 주제로 한 조사*에서 의사들은 개방적이면서도 신중하고 또 실리적이면서도 전통적 가치에 부합하는 태도를 보여주었다. 의사들은 대체로 키를 늘여서 얻을 수 있는 이익들 때문에 자기 극복과 같은 도덕적 가치들을 망각해서는 안 된다고 생각한다.

과연 알맹이 없는 커다란 외피가 현실에서 조화로울 수 있을까? 의학적 조작이라는 마술 같은 방법들로 얻은 외면이 일종의 거울이 되어, 우리 사회의 실존적 공백을 비추지는 않을까?

"생물학자들이 아무리 놀라운 신제품을 선보이더라도, 우리가 그 유혹에 단번에 넘어가는 일은 결코 없을 것이다"**고 장 로스탕은 말했다. 하지만 사회의 기준들이 미적인 욕구에

* M. 콜, F. 레니에, 『프랑스 소아과 의사 자료집』, 1986, 43, 617~620쪽.
** J. 로스탕, 『생물학과 인류의 미래』, 1950, A. 테트리 인용, 『장 로스탕, 미래의 인간』, 파리, 마뉴팍튀르, 1988, 139쪽.

부응하여 정상을 만들어내는 순간, 과연 과학이 허용하고 사회가 요구하는 이러한 변화를 거부할 권리가 우리 개개인에게 있을까?

우리는 인간의 조건이란 단순히 삶을 유지함으로써 인간임을 증명하는 데 있다고 생각하지 않는다. 초월은 설사 그 자신 정당성을 인정받지 못한다 하더라도, 생리학적 법칙 같은 것으로부터 자유와 독립을 보장한다.

우리는 신화적이고 문학적인 오래된 가상 세계의 구조 안에서 난쟁이의 도움을 받음으로써 항상 패배만 하는 거인을 단칼에 베어버리는 영웅을 남겨놓았다. 이 도식은, 항상 하부에 있으면서 실현 가능한 그리고 약속된 위반뿐만 아니라, 각기 과장과 내적인 퇴행의 위험을 뜻하는 크기들 사이에 인간의 중간적 위치가 자리함을 보여준다. 이렇게 한계의 개념과 그 불안정함이 표현되었다. 한계는 어느 순간 확인되었다가 다음에 새롭게 추구되고, 일단 안정되었다가는 새롭게 위반된다. 왜냐하면 인간을 정의하기 위해 그를 가두어두려 하는 심급은 끊임없이 인간의 초월에 기대는 정의 앞에서 좌초하기 때문이다.

그렇다면 그런 한계들이 인간에게 확정적이거나 결정적인 것이 아니며 세계에 대한 인간의 적응을 확인시켜주는 것이라는 사실을 인식해야 한다. 그리하여 이러한 한계는 결국 인간의 마음속에 있으며, 퇴행과 과장의 욕망 사이에 자리할 수밖에 없음을 이해하고 자기 자신과 일치시킴으로써 이것을 극복해야 한다.

　도약과 절제 사이에서 양분된 진보와 도덕이 오직 한계를 인정할 때에만 공존할 수 있는 시대에, 그리고 모든 이들이 크기에 비유해 이것을 호명하는 시대에, 우리가 꼭 해야 할 일은 그 말의 진정한 의미를 이해하고 세 가지 상징 — 크기, 성취, 균형 — 을 기억하는 것이다.

키는 어떤 사람을 표현하는 데 가장 기본이 되는 조건이다.
'저 남자는 키가 크다' '이 여자는 키가 작다'와 같이 그 사람
의 이미지를 만드는 중요한 요소가 된다. 그런데 보통은 키가
작은 사람보다는 큰 사람의 외모를 더 선호하며, 더 나아가
이러한 물리적 치수를 심리적 · 도덕적 크기와도 연계시키는
경우도 많다. 키가 큰 사람이 그렇지 못한 사람에 비해 통이
크고 도덕적으로도 뛰어나리라고 생각하는 것이다. 만인의
사랑을 받는 많은 대중 스타들의 키는 대부분 큰 편이며, 이
들의 빛나는 외형은 대중들에게 부러움의 대상이 된다.

　이러한 이미지상의 이점에도 불구하고 큰 키는 얻는다는
것은, 이제까지 불가능한 일로 치부되어왔다. 몸무게는 늘리

거나 줄일 수 있다 하더라도, 키는 유전적으로 결정된 요소인 만큼 싫든 좋든 자신의 키를 운명처럼 여기고 살았던 것이다. 하지만 현대에 와서 과학 기술의 눈부신 발달로 이 '운명'은 극복될 수 있는 한계로 여겨지고 있다. 새로운 합성 성장 호르몬은 키를 크게 만드는 영약으로서 키가 너무 작아 고민하는 사람들에게 새로운 희망을 가져다 준다.

이 책의 고민은 여기에서 시작된다. 만일 사람들이 자신들의 키를 자유롭게 정할 수 있다면, 그 결과는 어떻게 될까? 의학상의 부작용은 접어두고라도, 화학 약품으로 인해 인간의 키가 집단적으로 동일해지고 — 커지고 —, 그러면 저마다 가지고 있던 개성과 다양성은 전부 사라지지 않겠는가. 이렇듯 인간 외형의 집단적 변형은 도덕적 · 철학적 문제를 야기시킨다.

이 책은 가까운 미래에 사회적으로 중요한 쟁점이 될 이 문제를 숙고하면서, 우리 의식 속에서 키와 관련된 과거와 현재의 집단적 이미지들에 대해 탐구하고 있다. 여기서 온갖 전설과 신화 그리고 문학 텍스트에 등장하는 영웅과 거인, 난쟁이들이 탐구의 대상이 된다.

영웅은 모범적 이미지로서, 정확히 그들의 키가 기록된 적은 없지만 일반적으로 키가 큰 인물들로 인식된다. 여기서 '크다'는 말은 '위대하다'는 의미로 변환된다. 그리스의 헤라클레스부터 켈트 족과 게르만 족의 전사들 그리고 이후 중세의 기사들이 자신들의 영웅적 궤적을 가로막는 적들과 맞서 싸워 승리하는 위대한 영웅들로 등장한다.

그런데 영웅들에게서 눈여겨볼 만한 점은 이들의 키가 생각만큼 크지 않다는 것이다. 오히려 자신보다 월등하게 큰 괴물들(거인들)을 극복한다는 데 그들의 공통점이 있다. '적당히 큰' 영웅이 너무 커서 '괴물이 된 거인'과 싸워서 세상의 법과 질서를 수립한다는 일화는, 키 크고 싶어하는 인간적 욕망의 한계를 명확히 제시한다는 점에서 의미심장하다. 곧, 우리의 의식 속에서 인간은 거인으로 형상화된 자신의 무한한 욕망을 절제하고 있다. 이런 측면에서 거인은 인간의 마음 한 구석에 자리한 '금기적 욕망'으로서, 현대에 와서는 인간의 한계를 끊임없이 넘어서고자 하는 과학 기술의 발달과 그 부작용에 경종을 울리고 있다.

한편 역사의 저편에서 자신과 같은 인간들에게 유희의 대상이었던 난쟁이들은, 인간의 상상적 영역 속에서 한편으로는 어머니의 자궁과 같은 풍요로움과 편안함의 대상으로, 다

른 한편에서는 마법의 힘을 발휘하는 죽음의 전도사로 드러
난다. 바로 알베리히, 프로신, 백설공주의 일곱 난쟁이 등이
인간의 곁에서 도움을 주기도 하고 해를 끼치기도 하는 존재
들이다.

북유럽에서부터 라틴 지역까지 갖가지 신화와 전설들이 키
를 분석하는 소재가 되며, 여기에 최근 실험적으로 이루어지
고 있는 '유전자 변형'에 대한 의학적 설명들이 상세하게 곁
들여진다. 저자인 카트린 몽디에 콜과 미셸 콜은 각자의 영역
에서 심도 있는 분석을 내놓고 있다. 인간이 만들어낸 키에
대한 환상 너머에는 과연 무엇이 있는지, 저자들과 함께 의학
적·심리적·철학적 여행을 떠날 수 있을 것이다.

끝으로 좋은 작품을 번역할 수 있도록 기회를 주시고 졸문
을 모양새 있게 다듬어주신 편집부에 감사를 드린다.

2004년 12월

이옥주

Apert, E., *La Croissance*, Paris, Flammarion, 1921

Bachelard, G., *La Poétique de l' espace*, Paris, PUF, 1957

Bachelard, G., *La Terre et les Rêveries de la volonté*, Paris, José Corti, 1948

Balandier, G., *Le Désordre*, Paris, Fayard, 1988

Béroul, G., *Le Roman de Tristan*, Paris, UGE, 1981

Bettelheim, B., *Psychanalyse des contes de fées*, Paris, Laffont, 1976

Bonnefoy, Y., *Dictionnaire des mythologies*, Paris, Flammarion, 1981

Boorstin, D., *Les Découvreurs*, Paris, Laffont, 1988

Boulenger, J., *Les Romans de la Table ronde*, Paris, Plon, 1941

Boyer, R., *Les Religions de l' Europe du Nord*, Paris, Fayard, 1974

Brekilien, Y., *La Mythologie celtique*, Paris, Picollec, 1981

Burgos, J., *Circé*, Cahiers du Centre de recherche sur l' imaginaire, n° 1, Paris, Lettres modernes, 1969

Canguilhem, G., *La Connaissance de la vie*, Paris, Vrin, 1975

Chevalier, J., et Gheerbrant, A., *Dictionnaire des symboles*, Paris, Laffont, 1982

Chrétien de Troyes, *Romans de la Table ronde*, Paris, Gallimard, 1970

Colle, R., *Légendes et Contes d' Aunis et de Saintonge*, La Rochelle,

Rupella, 1975

Collodi, *Les Aventures de Pinocchio*, Paris, Flammarion, 1979

Dontenville, H., *Mythologie française*, Paris, Payot, 1986

Dumézil, G., *Mythes et Dieux des Germains*, Paris, PUF, 1939

Durand, G., *L'Imagination symbolique*, Paris, PUF, 1984

Durand, G., *Les Structures anthropologiques de l'imaginaire*, Paris, Dunod, 1983

Eliade, M., *Traité d'histoire des religions*, Paris, Payot, 1986, 2ᵉ éd.

Freud, S., *L'Inquiétante Étrangeté*, Paris, Gallimard, 1985

Garnier, E., *Nains et Géants*, Flammarion, Paris, 1883

Geoffroy Saint-Hilaire, I., *Histoire générale et particulière des anomalies de l'organisation chez l'homme et les animaux...*, 2 vol., Bruxelles, 1937~1938

Grimal, P., *Dictionnaire de la mythologie grecque et romaine*, Paris, PUF, 1951

Grimm, *Contes*, Paris, Gallimard, 1976

Hazard, P., *La Crise de la conscience européenne*, Paris, Fayard, 1961

Hésiode, *La Théogonie. Les Travaux et les Jours. Le Bouclier d'Héraclès*, trad. P. Mazon, Paris, Les Belles Lettres, 1951

Hugo, V., *Légende des siècles*, Paris, Garnier-Flammarion, 1967

Hugo, V., *Romans*, 3 vol., et *Poésies*, 3 vol., Paris, Éd. du Seuil, 1963 et 1972

Huxley, A. L., *Le Meilleur des mondes*, Paris, Plon, 1932

Huon de Bordeaux, Paris, Stock, 1983

Kappler, C., *Monstres, Démons et Merveilles*, Paris, Payot, 1980

Lapouge, G., *Utopie et Civilisation*, Paris, Flammarion, 1978

Lascault, G., *Le Monstre dans l' art occidental*, Paris, Klincksieck, 1973

Markale, J., *Les Celtes*, Paris, Payot, 1970

Morin, E., *L' Esprit du temps*, Paris, Grasset Fasquelle, 1962

Morin, E., *Le Paradigme perdu. La nature humaine*, Paris, Éd. du Seuil, 1973

Morin, E., *Les Stars*, Paris, Éd. du Seuil, 1972

Nodier, Ch., *Trésor de Fève et autres contes*, Paris, Éd. d' Aujourd' hui, 1977

Perrault, Ch., *Contes de ma mère l' Oye*, Paris, Gallimard, 1977

Propp, V., *Morphologie du conte*, Paris, Éd. du Seuil, 1970

Rabelais, F., *Œuvres complètes*, Paris, Éd. du Seuil, 1973

Rostand, J., *La Biologie et l' Avenir humain*, Albin Michel, 1950

Rostand, J., *Pensées d' un biologiste*, Paris, Stock, 1939

Rostand, J., *Peut-on modifier l' homme?*, Paris, Gallimard, 1956

Ruffié, J., *De la biologie à la culture*, Paris, Flammarion, 1983

Simon, P. -H., *Le Domaine héroïque des lettres françaises*, Paris, Armand

Swift, J., *Voyages de Gulliver*, Paris, Gallimard, 1964

Testard, J., *L' Œuf transparent*, Paris, Flammarion, 1986

Tétry, A., *Jean Rostand, un homme du futur*, Paris, La Manufacture, 1988

Vercors, *Les Animaux dénaturés*, Paris, Albin Michel, 1952

Voltaire, *Romans et Contes*, Paris, Flammarion, 1966

지금 당장 편지를 보내세요.
남녀노소 누구나 4~10센티미터 더 클 수 있는 방법을 알려드립니다.
물렁물렁한 비곗살이 탄탄한 근육으로 바뀌고 팔다리도 늘씬해질 것입니다.
'키가 당신에게 부여하는 권위' 를 온몸으로 느껴보시기 바랍니다.

키
의

신
화

1판 1쇄 찍음 2005년 1월 10일
1판 1쇄 펴냄 2005년 1월 15일

지은이 · 카트린 몽디에 콜, 미셸 콜
옮긴이 · 이옥주
펴낸이 · 이갑수
펴낸곳 · 궁리출판

편집 · 김현숙, 서영주, 이유나
영업 · 백국현, 도진호
관리 · 김유미

출판등록 1999. 3. 29. 제300-2004-162호
110-043 서울시 종로구 통인동 31-4 우남빌딩 2층
대표전화 734-6591~3 | 팩시밀리 734-6554
E-mail : kungree@chollian.net | www.kungree.com

ISBN 89-5820-023-5   03400
값 10,000원